昆明市生态经济系统耦合协调发展研究

KUNMING SHI SHENGTAI JINGJI XITONG OUHE XIETIAO FAZHAN YANJIU

尚海龙　著

图书在版编目(CIP)数据

昆明市生态经济系统耦合协调发展研究/尚海龙著.—成都:西南财经大学出版社,2021.5
ISBN 978-7-5504-4348-8

Ⅰ.①昆… Ⅱ.①尚… Ⅲ.①生态环境—关系—区域经济发展—协调发展—研究—昆明 Ⅳ.①X321.274.1②F127.741

中国版本图书馆 CIP 数据核字(2020)第 012896 号

昆明市生态经济系统耦合协调发展研究
尚海龙 著

责任编辑:金欣蕾
封面设计:张姗姗 墨创文化
责任印制:朱曼丽

出版发行	西南财经大学出版社(四川省成都市光华村街 55 号)
网　　址	http://www.bookcj.com
电子邮件	bookcj@swufe.edu.cn
邮政编码	610074
电　　话	028-87353785
照　　排	四川胜翔数码印务设计有限公司
印　　刷	郫县犀浦印刷厂
成品尺寸	170mm×240mm
印　　张	11.25
字　　数	212 千字
版　　次	2021 年 5 月第 1 版
印　　次	2021 年 5 月第 1 次印刷
书　　号	ISBN 978-7-5504-4348-8
定　　价	65.00 元

序

区域经济地理学作为经济地理学的核心分支学科，是一门兼容环境科学和经济科学内容的综合性课程。21世纪以来，区域经济的迅速发展导致资源、人口、生态等问题不断出现，区域经济与生态环境研究已引起学者们的广泛关注，从而也为区域经济地理学研究的不断深入和丰富奠定了基础。目前，区域经济地理学的理论研究取得了阶段性成果，并表现出一定的学科优势特征。区域经济地理学在我国的应用主要涉及规划开发、区域条件、经济结构、发展调控等领域。另外，随着研究视域的创新，区域经济地理学逐步渗透至区域差异、资源分布、地域环境、生态条件、金融状况、创新发展、产业聚集与转移、统筹管理、政策调控等实践领域，使地理科学为区域发展服务的特色与优势得以充分体现。

伴随着城市化进程加快，各种资源与环境问题日益凸显，促进城市生态环境与经济社会协调发展已成为城市可持续发展亟待解决的重要科学问题。昆明市是中国面向东南亚、南亚开放的门户城市，是国家历史文化名城与西部地区重要的中心城市。随着昆明市经济社会的快速发展，水源退化、石漠化、水土流失、陡坡垦殖与工业污染等问题使其生态环境日益脆弱，人地矛盾日渐突出。因此，研究昆明市生态经济系统耦合协调发展问题具有重要的理论和实践意义。

本书观点鲜明、内容丰富。书中以人地关系理论、系统科学理论和生态经济理论为主线，以昆明市生态经济系统为研究客体，在突出表征城市生态环境因素对人地关系地域系统运行作用的基础上，优化评价指标体系，运用生态环境与经济社会效益函数构建复合生态经济系统耦合协调发展模型，对昆明市和西南地区省会城市及直辖市生态经济系统耦合协调演进状态的等级与类型进行定量评判及互动分析，并从生态环境与经济社会两个方面提出了相应的调适策略。本书作为贵州省“双一流”大学建设经济地理学“一流课程”项目与贵州省科技合作计划项目（黔科合LH字[2015]7758号）的重要成果，既是区域经济地理学实证研究的学术著作，又是凯里学院经济地理建设的特色案例。本书可为区域开发、城市规划、区域政策研究等领域的工作人员和研究人员提供参考。

蒋焕洲

2019 年 11 月 30 日

前　言

认识城市生态经济系统要素之间的联系和构建定量模型是进行城市耦合协调发展状态评价的关键。本书以面向西南开放的“桥头堡”建设为背景，分析、评价了昆明市生态经济系统耦合协调发展水平与演进趋势。本书在分析城市生态环境因素对人地关系地域系统运行作用的基础上，优化评价指标体系，运用生态环境与经济社会效益函数构建生态经济系统耦合协调发展模型，对昆明市及西南地区省会城市与直辖市生态经济系统耦合协调发展水平和演进状态进行定量评判与互动分析，并从生态环境与经济社会两个方面提出了昆明市生态经济系统调适策略。结果表明：2008—2017 年，昆明市生态经济系统耦合协调演进经历了“轻度协调—勉强协调—初级协调—中级协调—良好协调”五个阶段。2017 年，昆明市生态经济系统总体上属于良好协调发展类环境滞后型。昆明市生态经济系统协调发展的主要矛盾表现为经济社会快速增长同日益贫乏的生态环境基础之间的矛盾。2008 年以来，昆明市经济社会获得快速发展，人地关系矛盾随着生态经济系统的更高层次的耦合协调而得以缓解；昆明市生态经济系统耦合协调发展在西南地区省会城市及直辖市中位居中等水平，其耦合协调发展度在西南地区的位次与地区生产总值排名是基本同步的。但是，有必要借鉴排名相对靠前的成都市与重庆市生态经济系统耦合协调发展的范式。在此基础上，笔者通过灰色预测模型 GM（1，1），对 2018—2022 年昆明市人口总量与人均农用地面积数值进行模拟分析。结果表明：昆明市农用地的承载能力已不能满足人口持续增长的需求，反映出“桥头堡”战略的实施与“滇中经济区”的规划对未来昆明人多地狭的矛盾的缓解及生态安全有一定的制约作用，昆明市生态经济系统优质协调发展目标的实现已迫在眉睫。本书所做研究对“桥头堡”建设有着重要启示，主要表现在以下三个方面：高效开发可再生资源，减少环境负荷；加强环境综合治理，构建生态安全屏障；加快推进新型工业化进程，培育战略性新兴产业。

尚海龙

2019 年 5 月 3 日

目　录

第1章　绪论

1.1　问题的提出和研究意义

1.1.1　问题的提出

地理学研究者认为：城市作为重要的聚落类型之一，以非农业人口为主，是第二、三、四产业的核心空间载体，以及政治、经济、文化活动中心。城市在地球表层占据着一定数量的土地，面积不大，但作为集聚人口、经济、文化和生产技术的地域系统，与周围广大区域保持着密切联系，具有重要的调控和服务功能。城市发展是人类社会发展的需要：一方面，它是人类文明的代表，在一定范围内有其影响力；另一方面，它集中了社会生产和生活中的各种矛盾。城市是一个非常复杂的系统，人口在这个系统中是最活跃和最具主观能动性的因素。人口的基数增长既是城市发展的一个重要标志，又对城市人地关系协调发展有着重要影响。2000年，世界城市人口达到28.54亿，城市化水平达到46.6%。2010年，世界城市人口达到36.23亿，城市化水平达到51.8%，也就是说，有一半以上的世界人口都生活在城市（刘耀彬，2007）。联合国预测：世界城市人口比例在2030年有望达到60%（埃森哲，2011）。可见，世界城市人口规模正在迅速扩大，这既推动了城市的发展，也对城市生态经济系统的耦合协调发展产生了影响。

20世纪50年代以来，伴随着产业结构转型和城市化进程的快速推进，城市生态环境污染也发展到较为严重的地步，由此造成的环境灾难事件频频发生。发达国家的城市化经历了"集聚城市化—郊区化—逆城市化—再城市化"的发展阶段，目前已进入信息化时期。生态环境问题已不再是发达国家城市发展的主要问题，但大多数发展中国家正处于城市化起步或加速发展的时期。城市发展所带来的生态环境问题成为研究热点。

我国的城市化率在2008年为47.00%，在2012年为52.57%，在2017年为58.52%[①]。中国城市发展所面临的生态环境压力也相当大，特别是在大部分城市水危机掣肘经济发展的情况下。世界城市化规律显示：当城市化水平在30%~70%时，整个城市就进入了加速发展的时期。而加速的城市化需要以大量的能源、资源及人口转移为支撑，由此极大地削弱了生态环境承载力，增强了人地关系地域系统的脆弱性。中国正处于城市加速发展的时期，《中华人民共和国国民经济和社会发展第十二个五年规划纲要》将构建城市化战略格局作为积极稳妥推进城镇化的重要发展战略。云南是中国面向西南开放的重要"桥头堡"。在"滇中城市群"被纳入国家级发展规划之后，国务院于2011年5月颁发了《关于支持云南省加快建设面向西南开放重要桥头堡的意见》（以下简称《意见》）。2015年9月7日，国务院印发《关于同意设立云南滇中新区的批复》，同意设立云南滇中新区。云南滇中新区正式成为我国第15个国家级新区。云南"桥头堡"建设对于实现中国向西南开放、实现睦邻友好的发展战略，以及实现云南的"兴边富民"工程有着重要的战略意义。云南滇中新区位于昆明市主城区东西两侧，是滇中产业聚集区的核心区域。云南滇中新区的初期规划范围包括安宁市、嵩明县和官渡区部分区域，面积约为482平方千米。云南滇中新区的区位条件优越、科教创新实力较强、产业发展优势明显、区域综合承载能力较强、对外开放合作基础良好。作为云南唯一的特大城市、中国与大湄公河次区域经济合作中心枢纽和主要通道、重要的旅游城市、国家级历史文化名城、中国民族文化的重要展示中心，昆明市在中国"桥头堡"建设中的作用尤为重要。昆明市城市化进程的加快不可避免地对城区和周围干旱的生态环境造成现实的或潜在的威胁。昆明市经济社会和生态环境系统的耦合协调发展问题已经上升为战略问题，目前在学术界还尚未出现此类研究的专题成果。基于上述背景，本书提出研究昆明市生态经济系统耦合协调发展的科学问题具有重要的理论价值与实践意义。

1.1.2 研究意义

麦克迈克尔（A. J. McMichael）指出："城市化将以一种重要的形式危害着人类的生存环境和健康发展。城市规模的扩大，给当地生态环境，尤其是水环境带来了严重的压力。"当前，城市发展与生态环境保护之间存在着诸多胁迫与制约作用。这具体表现为：一方面，城市和城镇在发展中受到了生态环境

① 数据分别来自《中国统计年鉴—2009》《中国统计年鉴—2013》《中国统计年鉴—2018》。

的胁迫，在城市化发展初期表现为生态环境恶化，在城市化发展中后期表现为生态环境好转；另一方面，城市的生态环境受到破坏后，反过来又限制了城市发展规模与空间格局，或延滞了城市发展进程，或导致城市迁移。由此可见，城市经济社会与生态环境系统在客观上存在着复杂的耦合协调关系。协调城市经济社会和生态环境系统的关系问题已是学术界与政府部门十分关注的热点问题。

尽管造成城市生态环境问题的原因有很多，但本书从城市化的角度入手，深入分析昆明经济社会和生态环境系统相互作用的规律与机理，并提出科学的优化策略，特别是城市水源区学生教育补偿，无疑具有重要的现实意义：①为区域研究和已经启动的“桥头堡”建设提供了资源开发与生态屏障构建等方面的有益借鉴；②有助于城市生态环境保护政策与措施的制定，为进一步调适城市人地关系提供有益探索；③有利于全面落实新一轮西部大开发战略，促进西南地区省会及直辖市城市经济社会与生态环境系统协调发展。

本书在理论研究上具有如下意义：①深化了城市生态经济系统耦合协调发展的定量评价研究；②丰富了城市地理研究相关理论；③丰富了环境地理学内容，通过对城市化胁迫作用下的生态环境演变规律的探索，有助于对区域环境进行科学分析与评价；④将研究区耦合协调发展度与背景区（西南地区省会城市及直辖市）进行比较研究，有利于区域协作，实现区域协调发展。

1.2 国内外研究综述

1.2.1 国外研究综述

18 世纪 60 年代以来，随着工业革命的迅速发展，城市化进程开启，城市空间不断扩大，快速发展的城市化与城市地域生态环境之间的矛盾逐渐加剧，严峻的环境问题促使人们开始重视生态环境保护问题。19 世纪末，学者霍化德（E. Howard）著述的《田园城市》一书对城市发展和生态环境的关系进行了分析。20 世纪初，生态学家迪盖斯（P. Geddes）出版了《进化中的城市》一书，他运用生态学理论研究了城市规划过程中的环境问题、卫生问题及问题预防策略。20 世纪中期，学者帕克（R. E. Park）的专著《城市和人类生态学》出版，该书提出用生物群落的思想来研究城市生态环境。第二次世界大战以后，全球工业化推进了城市化进程，城市环境污染问题日益加剧，城市发展过程中产生的一系列环境问题得到国际组织、政府及研究人员的重视。20

世纪 70 年代，联合国教科文组织将有关人类聚居地的生态环境研究列为主要课题，提出了用人类生态学的方法和理论研究居住地的环境问题，推动了人类与其生存环境之间关系的研究的发展。20 世纪 80 年代，生态城市与城市生态研究成为研究热点。此后，世界卫生组织将城市集中区的环境问题列入重点研究计划。20 世纪 90 年代，有关城市可持续发展的研究成果颇丰，Odum（1994）的能值分析理论、Wackernagel（1999a，1999b）的生态足迹等成果，被引入区域生态经济系统评价及指标体系构建之中。进入 21 世纪，关于城市生态环境问题的研究进入新的阶段。2003 年，在武汉召开了国际城市环境与水资源学术会议。该会议是有关城市环境与水资源的一次规模较大、规格较高、影响面较广的国际性的专业学术会议。参会人员交流了有关学科前沿领域的若干重大科学技术问题，探讨了学科发展方向，着重交流了水资源开发与城市环境、水文学、水文地质及地质灾害等方面的研究成果。2005 年，国际全球环境变化人文因素计划（IHDP）发布报告《面向未来的城市化全球环境变化的科学计划》，指出城市系统的脆弱性已经成为城市发展和全球环境变化耦合协调研究的核心问题。有关城市系统脆弱性的研究已经由只关注自然环境系统的脆弱性的研究扩展到对人文系统脆弱性的研究（Turner et al.，2003a）、人和环境耦合系统脆弱性的研究（Turner et al.，2003b）和对城市生态脆弱性的时空演变研究（Yu et al.，2017）。

关于城市发展与生态环境之间的关系的研究主要从经济学、环境科学与城市健康三个维度来展开，并取得了一定的学术成果。Berrens 等（1997）、Dinda 等（2000）、Andreoni 等（2001）、Pasche 等（2002）、Cherp 等（2003）、Misra（2011）、Kug 等（2013）从经济学维度对城市化与生态环境的关系进行了系统研究。Zandbergen（1998）、Zilberbrand 等（2001）、Morgan（2002）、Gillies 等（2003）从环境科学维度对城市发展与水环境的变化的关系进行了模拟及分析。Ludermir 等（1998）、McDadea 等（2001）、Jackson（2003）从城市健康维度研究了城市健康发展与人类健康的关系。有关城市化与市民健康问题的研究不仅关注整个城市生态系统的健康，而且关注城市脆弱性特征。Wu 等（2007）通过选择影响土地利用类型和植被覆盖率的因子，构建基于遥感和地理信息系统技术的生态环境脆弱性方程及其评价体系。他们还以福州市为例，选取了 4 个不同年份的多波段扫描影像，并测算了土地利用变化梯度和植被覆盖率，进而分析了它们与生态环境脆弱性指数之间的关系；在此基础上，他们阐述了生态环境脆弱性的时代变化特征和空间分布特征。Huang 等（2014）构建了基于河流沿岸城市生态环境的脆弱性的耦合协调定量测算模型，并将其用于对湘江东洲岛的生态环境的脆弱性的诊断与评价，进而提出了环境调控策略。脆弱性一词在20世纪70年代被引入自然灾害研究领域。之后，它在气候变化、可持续发展、生态学等众多领域得到广泛应用，现已逐渐演变成一个多维度、多要素、跨学科的学术概念。同时，国外研究者的有关研究方法也趋于成熟。他们主要采用一般均衡模型进行测算与评价（Allan et al.，2002；Hanley et al.，2009；Asici，2013；Yao，2019）。

1.2.2 国内研究综述

国内学者关于城市发展进程中的生态环境问题的研究始于20世纪70年代。1973年，第一次全国环境保护会议召开，会上针对工业化问题提出了环境保护的方针。1978年，全国科学大会通过了《1978—1985年全国科学技术发展规划纲要（草案）》，其中将区域和城市生态环境研究正式纳入。20世纪80年代，多个关于城市生态环境的学术会议召开，主要探讨了城市生态环境研究的重要性、方法和理论，中国工业化与城市发展所带来的生态环境问题以及城市生态系统问题。20世纪90年代，关于城市化和生态环境问题的研究取得了新进展。1998年，中国科学技术协会召开了以“城市可持续发展的生态设计理论与方法”为议题的学术会议，引入健康城市、生态城市及卫生城市等概念。1999年，全国城市生态学术讨论会召开，参会人员在对城市生态环境研究进行系统总结的基础上，指出应重点研究城市协调发展的问题。21世纪以来，关于城市化和生态环境问题的研究进入新阶段，有关城市人地关系地域系统的脆弱性研究也取得了进展。马颖（2006）、吕利军等（2009）分析了城市环境系统的脆弱性。有关研究的研究对象集中在资源城市及沿海城市。苏飞等（2008）、杨艳茹等（2009）、王士君等（2010）、李博等（2010a，2010b，2010c）与李鹤（2011）等分别对石油与煤炭城市人地系统的脆弱性、沿海城市人地系统及人海经济系统的脆弱性进行了系统研究。胡峻豪（2018）对云南少数民族地区生态经济系统协调度进行测算，进一步丰富了实证研究。目前，国内有关城市化和生态环境问题的研究主要集中在以下几个方面：

第一，对城市生态环境效应的研究。这类研究主要是从环境保护的角度进行分析，重点探讨了城市发展带来的诸多生态环境问题及具体的问题解决策略。安瓦尔·买买提明等（2010）在模糊数学理论的支持下，就新疆南疆地区城市化与生态环境的和谐度进行了分析，得出了和谐度变化曲线呈“U”形的结论。谢锐等（2018）利用改进的STIRPAT模型，基于2003—2012年中国284个地级及以上城市的数据，实证研究了新型城镇化对生态环境质量的影响及其空间溢出效应。宋军继（2003）、伍立群（2004）、邓丽仙等（2008）对城市发展所引发的城市水环境问题进行了研究，提出城市水环境可持续发展的对策建议。朱英豪等（2007）、刘丽萍（2009，2011）、马丽珠（2009）、吴莹（2011）以昆明市为例，测算昆明市的生态足迹与生态承载力，并为提高昆明的资源承载力提供了较好的建议。张文东（2012）探讨了边疆城市的和谐社区建设，并提出了促进城市社区全面发展的策略。毛蒋兴等（2002）对城市交通系统与土地利用的关系进行了研究。安瓦尔·买买提明等（2009）采用回归分析方法，对新疆和田地区城市土地利用变化进行了定量分析，将城市建设和经济的快速增长归纳为影响城市可持续发展的主要原因。郑静萍等（2009）指出城市发展的诸多不合理因素不仅影响生物和旅游资源多样性，还制约着城市生态建设。

第二，对城市化和生态环境耦合协调发展的研究。该类研究主要基于生态学、经济学、物理学等学科理论，重点研究城市社会、经济与环境的耦合协调发展水平，探讨城市发展进程中人地关系协调机制及城市环境保育问题。翁钢民等（2010）以秦皇岛市为例，对旅游经济和城市环境的耦合协调发展进行了研究，得出了该市旅游经济和城市环境的耦合度属于良好协调发展类旅游经济滞后型的结论，为制定城市综合发展战略提供了科学依据。邓民彩等（2012）对昆明市经济增长和环境污染的关系进行了探索，提出了昆明市实现经济与环境协调发展的策略。蒋元勇等（2014）通过构建城市化综合指数和水资源环境综合指数指标体系，利用耦合协调发展度模型，对鄱阳湖流域南昌市 2000—2010 年的城市化与水资源环境交互耦合作用进行了量化分析。他们的研究结果表明：当城市化与水资源环境相互交替滞后时，城市化对水资源环境的胁迫与优化作用共存；当水资源环境滞后于城市化时，城市化对水资源环境的作用以优化为主，且缓和了二者之间的矛盾，促使二者向协调共生的方向发展。吴广斌（2015）以鸡西市为研究对象，基于 2004—2010 年的指标数据深入分析了鸡西市城市化和生态环境系统脆弱性之间的关系。他运用聚类分析等方法建立了评价指标体系，运用熵值法确定了各指标的权重值，依据模糊数学中的综合指数法建立了脆弱性评价模型，并对鸡西市的城市化和生态环境系统的脆弱性之间的关系进行了评价；运用 BP 神经网络对未来的指标进行预测。史宝娟等（2018）借助塔皮奥（Tapio）脱钩模型对天津地区城市化和生态环境的脱钩状态进行了定量分析。他们的研究结果表明：2003—2011 年，天津地区城市化和生态环境之间的脱钩指数呈现“扩张性脱钩—弱脱钩—强脱钩”的反复波动，这表明天津地区的生态环境处于被动变化和不可持续发展的状态；2012—2015年，天津地区城市化和生态环境之间主要以强脱钩为主，这表明天津地区城市化对环境造成的压力逐渐减小，资源利用率处于较高水平。基于以上研究结果，他们从区域一体化、产业结构升级、城乡统筹方面对城市化进程中的环境污染问题提出了有针对性的建议。刘世梁等（2018）在修正了城市生态足迹模型的基础上，分析了2000—2015年昆明市三维生态足迹动态；建立了城市化综合评价指标体系，构建了城市化和生态环境的耦合模型并测算其协调度，进而探讨生态足迹变化的驱动因子。他们的研究结果表明：2000—2015年，昆明市土地流转速度加剧、建设用地比例提升、城市化水平逐年提高，自然资源消耗增加和污染排放加剧使得人均生态足迹的指标值逐年上升；在研究初期，昆明市人均生态承载力下降明显，之后，昆明市人均生态承载力逐渐上升，生态赤字逐年减小，资源压力有所减轻；昆明市生态足迹的广度的指标值基本不变，生态足迹的深度的指标值先上升后下降，资源的利用效率逐年上升；昆明市生态足迹与城市化耦合水平及协调度均逐年稳定上升，昆明市生态承载力与城市化耦合水平及协调度均呈波动上升态势。基于以上研究结果，他们提出：昆明市需要提升城市化发展质量，管控城市扩张规模。

第三，对城市复合生态系统的研究。这类研究主要以生态学理论为基础，借鉴系统科学的研究方法，将城市经济社会和生态环境作为一个复合系统，深入探讨其协调演化机理、分异规律、耦合发展模式，以及城市复合生态系统可持续发展的创新路径。李锋等（2003）等应用复合生态系统理论和生态学原理，为城乡土地利用规划、城市生态系统服务强化、城市可持续发展等提供科学方法与决策参考。黄寰等（2018）利用熵权TOPSIS模型对成渝城市群2006—2015年的复合生态系统进行分析，得出成渝城市群16个城市的复合生态系统的差异较大，呈现以成都和重庆为两极的“双核联动”区域特点。陈媛媛等（2018）运用系统动力学方法和复合生态系统理论，构建了“社会-水资源-土地资源-生态环境”的城市复合生态系统模型；设置了经济优先、环境保护和协调发展三种情景，并分析对比了不同情景下2004—2025年西安市复合生态系统的变化趋势；对协调发展方案下的水土资源利用、经济社会发展以及生态环境状况进行了仿真分析。耿世刚（2019）从城市复合生态系统出发，重点剖析城市功能、城市复合生态系统功能与产业系统碳排放三者之间的耦合关系；通过对城市复合生态系统碳排放的产业生态学分析以及对低碳城市建设指标的分析，探寻低碳城市建设路径。王效科等（2020）从生态系统的角度，分析了城市生态系统的组成、结构、过程、功能和服务，提出了城市生态系统研究的黑箱范式和“结构-过程-功能-服务”的分析范式。他们重点分析了人与自然在城市生态系统的组成、结构、过程、功能和服务等方面的不同角色，提出了城市生态系统研究的人与自然共同进化的范式。赵武生（2020）以兰西城市群39个县（区）为研究单元，以系统论和协同学为理论支撑，构建了城市群复合生态系统模型；用熵值法与变异系数法相结合的方法进行赋权，并在定量化测度的基础上分析三个系统各自的发展水平和空间分布特征；通过耦合协调发展度模型、空间探索性分析方法和地理加权回归分析模型（GWR），分析各县（区）耦合协调发展的分布聚集特征和主要影响因素。

第四，对健康城市及城市脆弱性的研究。

（1）对健康城市的研究。健康城市作为城市发展的目标，具有重要的研究价值和广阔的研究前景，已成为当前学术研究的前沿问题，但当前研究成果较少。陈柳钦（2010）诠释了健康城市的内涵和主要特征，介绍了评价健康城市的标准与指标体系。周向红（2007）分析了大量有关欧洲健康城市运动的文献资料，并把英国和波罗的海地区作为重点案例进行介绍，为中国健康城市建设及城市规划提供了借鉴性意见。贾鹏（2016）运用熵值法确定了指标的权重，通过城市生态系统综合评价模型对郑州市2006—2014年的生态系统健康状况进行动态评价分析。他的研究结果表明：从健康等级来看，郑州市城市生态系统健康水平不断提高。邹建辉（2018）在简要介绍珠海市健康城市建设与乡村旅游业发展的环境、政策和设施的基础上，论述了珠海市建设健康城市和发展乡村旅游业的重要意义，并提出其发展的具体途径。马琳等（2020）选取四川省成都市、安徽省马鞍山市、山西省侯马市3个健康城市试点城市作为研究对象；通过案例分析的方式梳理3个试点城市的建设特点，归纳总结3个试点城市的发展治理模式，从而为健康城市建设提供参考。Sadegh等（2020）运用德尔菲法和小组讨论法构建了一个由14个维度、3个核心原则和4个价值观组成的“SHPC模式”，并提出该模式可以加强中央政府、地方政府和卫生系统之间的联系，以解决管理不统一与相互干预产生的问题。从上面的研究可以看出，有关城市发展与城市生态、健康城市的研究尚处于探索阶段，对生态城市与城市发展、健康城市建设的规律的研究较少。

（2）对城市脆弱性的研究。作为一个学术概念，脆弱性在20世纪70年代被引入自然灾害研究领域。随着应用领域的拓展和相关学科的交融，脆弱性的内涵也在不断丰富，相关研究也延伸到城市生态环境的脆弱性领域。喻小红等（2007）分析了城市生态、环境、邻里关系、能源和安全方面的潜在问题，并提出一些对策。喻忠磊等（2012）首次对关中城市群进行了干旱脆弱性评价。

他们的研究结论对于预防城市干旱，促进城市可持续发展具有重要意义。李柏山等（2015）分析了汉江中下游的襄阳、荆门和武汉的城市发展对气候变化脆弱性的影响，探讨影响气候变化脆弱性的关键因素，为这些城市实现社会、经济和环境的可持续发展提供依据。邱建等（2020）探索了疫情扩散下的城市脆弱性空间响应规律。他们借助地理信息系统、空间图谱、元胞自动机、血清流行病学调查等技术手段，探讨城市重大疫情与城市脆弱性的空间相互作用关系；通过对疫情扩散和城市脆弱性进行空间耦合，描述其耦合机理，揭示其耦合规律，并据此提出应对疫情的技术调控策略。

以上的研究涉及昆明城市发展与生态环境的关系的成果较少，并且相关研究不够系统，绝大多数研究者是从交叉学科的视角入手，就某些城市生态环境问题展开分析。有关昆明市的生态经济系统的定量分析的专题研究成果较少。国内相关研究成果的不足主要表现在以下几方面：第一，在研究内容上，大多数研究停留在对单个元素的分析上且不够深入。第二，在理论研究上，已有的研究注重经验分析，对深层次的理论分析不够。因此，本书试图对昆明市生态经济系统耦合协调发展系统地进行定量研究，从而为昆明市可持续发展和人地关系调适提供建议。

1.3 相关理论、方法及述评

1.3.1 现有理论

1.3.1.1 生态论

生态论是美国地理学家巴罗斯在其《人类生态学》中提出的理论。他研究人文地理学的目的不在于考察环境本身的特征和客观存在的自然现象，而在于研究人类生态。巴罗斯认为人是中心命题，应该注意人类对自然环境的反应。他曾指出“真正的地理学必须从头到尾是一种按人地关系正常秩序进行解释的论述”，认为地理学是研究人与其赖以生存的自然环境之间的相互影响。因此，他把地理学称为“人类生态学”，并强调了人地关系中人对环境的认识和适应。但当时生态论并没有得到地理学界的支持。20 世纪 50 年代以来，由于生态环境问题日益严重，地理学学者从人地关系研究出发，再次引申出人类生态的概念，注重人与环境的相互作用机制和全球的生态效应研究，逐步形成了以现代生态学理论为基础，以人类经济活动为中心，以协调人口、资源、环境和社会发展为目标的现代理念。

按照奥德姆（E. P. Odum）的观点，现代生态学是研究生态系统的结构和功能的科学，甚至于“把生态学定义为研究自然界的构造和功能的科学”。生态系统是一个整体系统，是一个动态的开放系统，是一个具有自组织功能的稳定的复杂系统。我国著名生态学家马世骏认为生态学是研究生命系统和环境系统相互关系的科学。这一观点凸显了整体性思想在生态学研究中的重要地位。与现代生态学的理论相对比，中国古代的宇宙观和自然观具有非常重要的生态学意义。

1.3.1.2 环境科学理论

环境科学包含了影响人类和其他有机体的周边环境的学科。大自然和人类是相互依赖的，其中一方所做出的任何动作都会对另外一方产生影响。

环境科学的研究领域，在20世纪五六十年代侧重于自然科学和工程技术方面，现已扩大到社会学、经济学、法学等社会科学方面。对环境问题的系统研究，需要运用地学、生物学、化学、物理学、医学、工程学、数学、社会学、经济学、法学等多种学科的知识。因此，环境科学是一门综合性很强的学科。环境科学在宏观上研究人类和环境之间的相互作用、相互促进、相互制约的对立统一关系，揭示社会经济发展和环境保护协调发展的基本规律；在微观上研究环境中的物质，尤其是人类活动排放的污染物的分子、原子等在有机体内迁移、转化和蓄积的过程及其运动规律，探索它们对生命的影响及它们的作用机理等。目前，与城市化生态经济系统相关的环境科学理论有环境系统性原理、环境容量原理、人与环境共生原理等。

1.3.1.3 生态经济学理论

伴随着人类越来越关注生态环境，生态经济学也倍受人们重视。生态经济学为人类和自然的和谐统一，社会、经济、生态的可持续发展提供科学的理论基础（王玉芳 等，2017）。生态经济学从生态学角度来看待社会经济问题，研究经济活动与生态变化的良性平衡及经济的可持续发展，其基本原理是经济、生态、社会、环境及文化的协调发展（赵德芳 等，2008）。因此，经济协调与生态环境发展理论成为生态经济学的基本理论之一，生态经济平衡与生态经济效益也是生态经济学的基本理论之一。生态经济学是一门边缘性理论学科，其研究对象为生态经济系统。这个系统要求经济社会发展与生态环境达到两个层次的协调：第一个层次是经济社会活动不会对生态环境造成负面影响，或者所产生的负向效应在生态环境可承载范围之内；第二个层次是环境友好型经济能够满足人们的利益和生活需求。

生态经济学理论从系统论出发，认为经济社会系统是整个生态系统的一部分，生态系统决定了经济社会发展的最大限度。距离这个限度越近，经济社会发展的余地就越小。但历史事实又证明，这个限度不是固定的，是随着人类技术水平的变化而不断变化的。城市需要一种经济社会系统和生态系统紧密结合的发展模式，即经济社会系统和生态系统的结构与功能的有机结合。这是一个包含两个子系统的综合系统。其中，生态系统提供的生态服务被视为一种资源，是一种基本的生产要素，需要有效管理。生态经济学理论主张经济社会与生态环境协调发展，认为经济增长的程度和城市发展的方向决定着生态环境的可持续发展。生态环境为城市经济社会的发展提供了一个框架，城市经济社会应该在这个框架中采用最有效的方式来管理资源，使所有的资源都得到充分利用。正因为生态经济学的学科交叉特性，其在分析城市经济社会发展和生态环境交互作用方面具有一定优势。当前，支持城市经济社会和生态环境协调发展的理论主要有人类生态学理论、生态规划理论、复合生态系统调控理论、能值理论、动态平衡理论等。

1.3.1.4 可持续发展理论

可持续发展是指既满足当代人的需要，又不对后代人满足其需要的能力构成危害的发展，以公平性、持续性、共同性为三大基本原则。可持续发展的最终目的是达到共同、协调、公平、高效、多维的发展。

可持续发展的思想由来已久，但将其作为一个科学术语明确提出并给予系统阐述的是 1980 年的《世界自然保护大纲》。这一大纲是国际自然保护联盟受联合国环境与开发署的委托，在世界野生生物基金会的支持和协作下制定的。在大纲中，可持续发展被定义为“为使发展得以持续，必须考虑社会因素、生态因素、经济因素，考虑生物及非生物资源基础”。对“可持续发展”概念的形成和发展起到重要推动作用的是世界环境与发展委员会于 1987 年 2 月向联合国提交的一份题为《我们共同的未来》的报告。该报告对当前人类在发展和环境保护方面存在的问题全面和系统地进行了分析，提出了一个为世人普遍接受的有关可持续发展的概念。1992 年 6 月，联合国在巴西的里约热内卢召开了环境与发展大会，通过了《里约宣言》和《21 世纪议程》等重要文件。与会各国一致承诺把走可持续发展的道路作为未来的长期的共同发展战略，第一次把可持续发展问题由理论和概念推向行动。

关于可持续发展理论的观点主要有以下五种：第一，发展的内涵既包括经济发展，又包括社会发展和保持、建设良好的生态环境。第二，自然资源的永续利用是保障社会经济可持续发展的物质基础。可持续发展要以保护自然资源和环境为基础，同资源与环境的承载力相协调。第三，人类发展受自然资源制约，自然生态环境是人类生存和社会经济发展的物质基础。第四，可持续发展也是一种经营管理战略，呼吁人们放弃传统的高消耗、高增长、高污染的粗放型生产方式和高消费、高浪费的生活方式，主张产品、效率、资源和环境并重，经济增长和环境保护相结合，社会稳定和公平相结合，短期利益与长期利益相结合。第五，控制人口增长、消除贫困是与保护生态环境密切相关的重大问题。要重新确立人与自然之间、各代人之间的关系，确定新的经济发展战略，发展清洁生产和无害环境或有益环境的技术体系等。目前，对于可持续发展的定义，世界上仍存在一些不同的见解，原因是关于这个问题的讨论在学术界有着两种不同的观点，即可持续发展含义的“生态学”和“经济学”之争。一方面，生态学家认为，应该将区域可持续发展与生态系统的保护联系起来；另一方面，经济学家认为，维持和改善人们的生活水平是区域可持续发展的重点。可持续发展理论在城市发展与生态环境协调性研究中得到较为广泛的应用，主要表现在城市可持续发展研究、生态城市与生态文明建设等方面。

1.3.1.5 人地关系理论

20世纪以来，人口剧增、资源过度消耗、环境污染、生态破坏等全球性的重大问题相继出现，人地关系处于剧烈的对抗中，严重阻碍了经济发展和人类生活质量的提高，继而威胁人类未来的生存和发展。对此，国际学术界存在两种看法：悲观论者认为，世界将变得更加拥挤，污染更严重，生态更不稳定并更容易受到破坏；而另一些学者持乐观态度。不论是悲观论者还是乐观论者，都认为人对自然的支配力量日益增强，同时人类也更加依赖于自然。协调人地关系是全人类的紧迫任务之一。谋求人地关系和谐的观点应运而生并日益受到人们的重视。

协调论是一种新的人地关系思想。协调是指各种物质运动过程内部各种质的差异部分、因素、要素在组成一个整体且协调一致时的一种相互关系和属性。协调不是“调和”，不能消除事物的差异性和它们之间的矛盾。

协调论比过去的人地关系理论更完善和科学，它表明在人与自然的和谐关系的问题上，人类的认识已从被动变为主动。协调论包括以下几种观点：

第一，人对地有依赖性。地理环境影响人类的地域特征，制约着人类活动的深度、广度和速度，甚至起到促进或阻碍社会发展的作用。这种影响和制约作用随着人对地的认识和利用能力的变化而变化。一定的地理环境只能容纳一定数量、质量的人及其一定形式的活动，而人数和活动的形式随着人的质量的变化而变化。

第二，人地协调同人与人之间的协调是互为条件的。人类之间的合作是协调人类行动、解决人地矛盾的必要条件。因此，在人地关系中，主体是人类社会，客体是地理环境。

第三，协调是一种全球的、动态的、综合的协调。衡量人地关系是否协调，不仅要看人地协调的程度的高低，还要看它能否实现可持续发展。追求人地关系协调是人类的目标，协调是目的而不是手段。可以说，协调论不但反映了人们的愿望和追求，也反映了人地关系的本质。

人地关系理论主要研究地球表层空间系统人地关系的优化调控问题。关于人地关系的学说，大致经历了人类早期的天命论、地理环境决定论、或然论、人类生态学、文化景观论、征服自然论与和谐论几个阶段。人类只有自觉地调控自身及地球表层空间系统各要素的发展变化，才能使系统总体发展趋势与资源环境的理想容量之制约作用趋同。笔者的导师潘玉君教授曾对地理学的研究核心——人地关系理论进行了全面论述。人地关系理论认为某区域的人口、资源、环境和发展之间需保持经常性动态协调关系（“PRED”协调发展）。城市生态经济系统属于典型的人地关系范畴，其耦合协调评价研究必须以人地关系理论为重要依据。

1.3.1.6　系统科学理论

“系统”一词来源于希腊文，最初表示的意思是“放在一起的一个复合整体”。在哲学上，常常把系统理解为事物矛盾的发展过程。钱学森院士认为，系统就是相互作用和相互联系的若干组成部分结合而成的具有特定功能的整体。一般控制论、系统论、信息论的出现构成了系统科学的第一个阶段。而后，耗散结构理论、超循环理论、协同学、突变论、分形学、混沌学等的出现，把系统科学推向了一个新的发展阶段，形成了以系统论为研究对象的新兴交叉学科。耗散结构理论和协同学理论是系统科学的基础。

第一，耗散结构理论。耗散结构理论的主要观点包括：（1）非平衡是有序之源；（2）存在非平衡相变现象；（3）通过涨落形成有序；（4）与耗散结构有关的时间是不可逆的。耗散结构理论已广泛应用于城市生态演化与评价、区域环境承载力以及可持续发展等研究方面，已取得了一系列有价值的成果。

第二，协同学理论。协同学理论的主要观点包括：（1）系统演化是随机性与确定性共同作用的过程；（2）相变类比是处理系统协同的方法；（3）自组织是系统演化的动力；（4）系统演化呈现序列特征。目前，协同学理论在城市土地利用、人地关系可持续发展及生态经济系统建模方面得到了较好应用。

综上所述，城市生态经济系统耦合协调关系研究的相关理论的比较见表 1.1。

表 1.1 城市生态经济系统耦合协调关系研究的相关理论的比较

相关理论	研究目标	城市发展与生态环境系统的关系	重要论点	关注焦点	调控策略
生态论	生态经济系统的可持续发展	相互联系、相互作用	系统的结构、功能及相互作用	复合生态系统分析与评价	生态规划、调控与工程措施
环境科学理论	城市发展对生态环境影响的评价	相互联系、相互作用	环境理想容量与生态阈值	生态环境质量综合评价	环境工程、标准、环保政策
生态经济学理论	生态经济系统的可持续发展	相互联系、相互作用	强调协调关系和系统关系	资源环境的经济损失评估	生态经济价值核算、环保政策
可持续发展理论	城市耦合协调发展	系统间的彼此适应	公平、发展	耦合系统可持续评价	城市发展与环保政策
人地关系理论	城市发展与资源、环境的关系	相互制约、相互适应	人地协调	耦合协调分析	城市开发与环保政策
系统科学理论	耦合系统演化和系统的相互作用	相互联系、相互作用	系统演化及作用	城市发展与生态环境耦合机理	系统工程、工艺流程、行业规范

1.3.2 现有研究方法

1.3.2.1 主成分分析法

在统计学中，主成分分析是一种简化数据集的技术。它是一个线性变换。这个变换把数据变换到一个新的坐标系统中，使得任何数据投影的第一大方差在第一个坐标上，第二大方差在第二个坐标上，依次类推。主成分分析在减少数据集的维数的同时，会保持数据集对方差贡献最大的特征。这是通过保留低阶主成分，忽略高阶主成分做到的，进而保留住数据的最重要的特征。但是，这也不是一定的，要视具体应用而定。

主成分分析法是一种降维的统计方法。它借助于一个正交变换，将与其分量相关的原随机向量转化成与其分量不相关的新随机向量。这在代数上表现为将原随机向量的协方差矩阵变换成对角形矩阵；在几何上表现为将原坐标系变换成新的正交坐标系，使之指向样本点散布最开的 P 个正交方向，然后对多维变量系统进行降维处理，使之能以一个较高的精度转换成低维变量系统，再通过构造适当的价值函数，进一步把低维系统转化成一维系统。

主成分分析法的原理是将原来的变量重新组合成一组新的相互无关的几个综合变量；同时根据实际需要从中取出几个综合变量，从而尽可能多地反映原来变量的信息。通常，数学上的处理就是对原来的 P 个指标进行线性组合，并将其作为新的综合指标。最经典的做法就是用 F_1（选取的第一个线性组合，即第一个综合指标）的方差来表达，即 Var（F_1）越大，F_1 所包含的信息就越多。因此，在所有的线性组合中选取的 F_1 应该是方差最大的，F_1 被称为第一主成分。如果第一主成分不足以代表原来的 P 个指标的信息，再考虑选取 F_2，即选取第二个线性组合。为了有效地反映原来的信息，F_1 的信息就不需要再出现在 F_2 中，用数学语言表达就是要求 Cov（F_1，F_2）= 0，F_2 被称为第二主成分。依此类推，可以构造出第 3 个、第 4 个，直至第 P 个主成分。

1.3.2.2 灰色关联度分析法

灰色关联度分析指的是依据各因素数列曲线形状的接近程度做发展态势的分析，进而为决策者提供一些建议。灰色关联度可分成局部性灰色关联度与整体性灰色关联度两类。

灰色关联度分析法是一种多因素统计分析方法，它以各因素的样本数据为依据用灰色关联度来描述因素之间的强弱、大小和次序。若样本数据反映出的两个因素变化的态势基本一致，则它们之间的关联度较高；反之，关联度较低。该方法的优点在于可以在很大程度上减少由于信息不对称带来的数据损失，并且对数据要求较低，工作量较少；其主要缺点在于需要确定各项指标的最优值，主观性过强。

1.3.2.3 灰色预测法

灰色预测法是一种对含有不确定因素的系统进行预测的方法。灰色系统是介于白色系统和黑色系统之间的一种系统。白色系统是指一个系统的内部特征是完全已知的，即系统的信息是完全充分的。黑色系统是指一个系统的内部信息对外界来说是未知的，只能通过它与外界的联系来加以观测研究。灰色系统内的一部分信息是已知的，另一部分信息则是未知的，且系统内各因素之间具有不确定的关系。灰色预测通过鉴别系统因素发展趋势的相异程度，即进行关联分析，并对原始数据进行生成处理来寻找系统变动的规律，从而预测事物未来发展趋势。其用等时距观测到的反映预测对象特征的一系列数量值构造灰色预测模型，从而预测未来某一时刻的特征量，或达到某一特征量的时间。

1.3.2.4 回归分析法

回归分析法是一种统计学上分析数据的方法，目的在于了解两个或多个变量之间是否相关以及它们相关的程度。

当回归分析所研究的因果关系只涉及因变量和一个自变量时，该回归分析叫作一元回归分析；当回归分析所研究的因果关系涉及因变量和两个或两个以上自变量时，该回归分析叫作多元回归分析。此外，根据描述自变量与因变量之间因果关系的函数表达式是线性的还是非线性的，回归分析可分为线性回归分析和非线性回归分析。回归分析法预测是利用回归分析方法，根据一个或一组自变量的变动情况预测与其有相关关系的某随机变量的未来值。回归分析需要建立描述变量之间相关关系的回归方程。根据自变量的个数的不同，回归分析可以是一元回归，也可以是多元回归。根据所研究问题的性质的不同，回归分析可以是线性回归，也可以是非线性回归。非线性回归方程一般可以通过数学方法转换为线性回归方程进行处理。

1.3.2.5 模糊综合评价法

模糊综合评价法是一种运用模糊变换原理分析和评价模糊系统的方法。它是一种以模糊推理为主的定性与定量相结合、精确与非精确相统一的分析评判方法。由于这种方法在处理各种难以用精确数学方法描述的复杂系统问题方面，表现出了独特的优越性，因而其适用于各种非确定性问题的解决。它在各个学科领域中得到了广泛应用。在地理学中，模糊综合评价法常常被用于资源与环境条件评价、生态评价、区域可持续发展评价等方面。

1.3.2.6 层次分析法

美国运筹学家萨蒂（T. L. Saaty）于20世纪70年代提出的层次分析法（analytic hierarchy process，AHP）是一种定性与定量相结合的决策分析方法。它常常被用于多目标、多准则、多要素、多层次的非结构化的复杂决策问题的研究，特别是战略决策问题的研究。层次分析法是一种将决策者对复杂问题的决策思维过程模型化、数量化的过程。研究人员可以运用该方法将复杂问题分解为若干层次和若干因素，并在各因素之间进行简单比较和计算，从而得出不同方案重要性程度的权重，为决策方案的选择提供依据。层次分析法是解决复杂的非结构化的地理决策问题的重要方法之一，也是计量地理学的重要方法之一。

层次分析法是将决策问题按总目标、各层子目标、评价准则直至具体的备择方案的顺序分解为不同的层次结构，然后求得每一层次的各元素对上一层次某元素的优先权重，最后再用加权和的方法递阶归并各备择方案对总目标的最终权重。最终权重最大者即最优方案。这里所谓的“优先权重”是一种相对的量度，它表明各备择方案在某一特点的评价准则或子目标下优越程度的相对量度，以及各子目标对上一层目标而言重要程度的相对量度。层次分析法适用于具有分层交错评价指标的目标系统，且目标值难以定量描述的决策问题。其用法是构造判断矩阵，求出最大特征值及其对应的特征向量，并将它们归一化，得到某一层次指标对于上一层次某相关指标的相对重要性权值。

1.3.2.7 人工神经网络法

人工神经网络是在现代神经科学研究成果的基础上提出的，它并不是对人脑的真实描写，而只是人脑的某种抽象、简化与模拟（White，1992；Pattersond，1996；Hagan 等，1996）。

人工神经网络是一种应用类似于大脑神经突触联结的结构进行信息处理的数学模型。它是一种运算模型，由大量的节点（或称神经元）相互联结构成。每个节点代表一种特定的输出函数，被称为激励函数。每两个节点之间的联结都代表一个通过该联结信号的加权值，被称为权重，这相当于人工神经网络的记忆。网络的输出则依网络的联结方式、权重值和激励函数的不同而不同。而网络自身通常都是对自然界某种算法或者函数的逼近，也可能是一种对逻辑策略的表达。

人工神经网络法特别适用于地理模式识别、地理过程模拟与预测，以及复杂地理系统的优化计算等问题的研究，是地理建模常用的重要方法之一。目前，人工神经网络法被广泛应用于城市化问题及城市区域资源环境问题的研究之中，取得了一系列有价值的研究成果。

综上所述，城市生态经济系统耦合协调机制的研究方法的比较如表 1.2 所示。

表 1.2 城市生态经济系统耦合协调机制的研究方法的比较

研究方法	研究理论	具体用途	适用领域	优势	不足
主成分分析法	计量经济学理论、统计学理论	数据降纬处理及因素分析与评价	生态经济系统整体评价	计算的权重较为客观	计算结果出现负值，不方便分析
灰色关联度分析法	系统理论	诸要素关联性分析	生态经济耦合系统相互作用	数据量少，提供判定的信息多，与其他方法兼容性强	在数据标准化过程中，所选方法对要素的影响明显
灰色预测法	系统理论	系统发展中短期预测	生态与经济子系统	数据需求少，短期预测效果理想	长期预测结果不理想

表1.2(续)

研究方法	研究理论	具体用途	适用领域	优势	不足
回归分析法	计量经济学理论、统计学理论	拟合要素分析及趋势预测	生态经济系统内诸要素之间分析	方便、明晰	样本容量受到限制、模型基础是线性模拟方程
模糊综合评价法	模糊数学理论	模糊系统综合分析	生态经济系统整体性评价	数据需求少、适合主客观要素分析	不能解决指标间信息重叠的问题，结果主观性强
层次分析法	系统工程理论	多层次、多要素重要性分析及决策	生态经济系统整体性评价	数据需求少、思路清晰，分析结果清楚	评价具有主观性，判断矩阵难以达成完全一致
人工神经网络法	系统科学理论、神经科学理论	系统识别、过程模拟及预测	生态经济系统整体性评价及预测	数据需求较少、联想存储和建模较简单	预测中需要训练样本，收敛算法选取困难

1.3.3 述评

以上研究方法和理论为城市的人地关系的耦合协调发展及区域可持续发展的调适策略制定提供了科学依据，丰富了城市地理学的研究方法和理论。但现有的理论和方法仍有不足之处，主要体现在以下两个方面：

第一，在研究角度上，用系统的、动态的角度来探讨城市生态经济系统相互作用、耦合协调机制的专题研究并不多见。因此，从系统的、动态的角度来分析城市生态经济系统耦合协调发展并提出优化策略，是现阶段城市可持续发展研究的重点。

第二，在研究方法上，应用多种方法相结合的方式来解决问题的研究比较缺乏。现有研究对城市生态系统的结构、组成、功能及性质的描述较多，而对城市迅速发展中的信息传递、能量转换与人才流向的定量研究较少。

1.4 研究内容、研究方法与技术路线

1.4.1 研究内容

本书共 7 章。第 1 章为绪论。第 2 章为昆明市市情分析，为做到有针对性地进行昆明市生态经济系统耦合协调定量评价奠定基础。第 3 章为昆明市生态环境与经济社会系统耦合协调性的评价。首先，笔者构建了评价指标体系，应用相关数学模型，为系统评价昆明市生态经济系统耦合协调发展的时空特征奠定基础。其次，笔者对 2008—2017 年昆明市生态经济系统的耦合协调发展水平进行定量测算、评判与分析。再次，笔者通过 GM（1，1）模型对 2018—2022 年昆明市人口总量与人均农用地面积数值进行模拟。最后，笔者对昆明市生态环境与经济社会系统耦合协调发展的矛盾进行探讨。第 4 章为西南地区省会城市及直辖市生态经济系统耦合协调发展分析。笔者将昆明市生态经济系统耦合协调发展与西南地区其他省会城市及直辖市进行互动分析，以明确昆明市生态经济系统耦合协调发展在西南地区省会城市及直辖市区域的比较优势与存在的问题，为昆明市可持续发展制定调控策略提供科学依据。第 5 章为昆明市生态经济系统耦合协调发展面临的主要问题与优化策略探讨。第 6 章为结论及展望。第 7 章为相关案例研究。

1.4.2 研究方法

1.4.2.1 耦合协调发展度模型

“耦合”一词来源于物理科学，是指两个或两个以上系统的运动形式。当系统之间或系统各组成要素之间协调发展、互相配合，各自的作用能更好地发挥出来时，这种耦合即可被称为良性耦合；反之，则被称为恶性耦合。耦合协调发展度就是指系统之间或系统各组成要素之间相互作用、彼此影响的程度。协调是指系统之间或系统各组成要素之间配合得当，各自健康有序地运行。协调度是指系统之间或系统各组成要素之间相互作用中良性耦合程度。耦合度模型难以反映系统各自的发展程度，而低发展水平的协调与较高层次的协调的内涵是不一样的（吴冰 等，2012）。因此，本书建立了耦合协调发展度模型，它既能反映生态环境和经济社会两大系统的协调发展状况和两者所处的发展阶段，又具有较高的稳定性与更广泛的适用性，可用于不同等级的城市及同一城市不同时间序列的生态环境与经济社会协调发展状况的定量评价、分析、比较。

1.4.2.2 GM（1，1）模型

灰色系统论经过多年的发展，现已成为集系统分析、评估、建模、预测、决策、控制、优化技术于一体的一门新兴学科。以 GM（1，1）为基础的预测模型体系，在灰色生成序列算式的作用下有所弱化，而随机性增强。GM（1，1）模型挖掘隐性的规律，经过微分方程与差分方程之间的互换实现了利用离散的数据序列建立连续的动态微分方程。GM（1，1）模型已经得到较为广泛的应用。

设 $X^{(0)} = x^{(0)}(1), x^{(0)}(2), x^{(0)}(3), \cdots, x^{(0)}(n)$

$X^{(1)} = x^{(1)}(1), x^{(1)}(2), x^{(1)}(3), \cdots, x^{(1)}(n)$

我们称 $X^{(0)}(k) + ax^{(1)}(k) = b$ 为 GM（1，1）模型的原始形式。

1.4.2.3 改进的熵值法

改进的熵值法是一种通过数学方法，计算系统指标体系各组成部分具体权重值的客观方法。它是在相容矩阵分析法满足一致性条件的情况下，考虑主客观权重，通过一定幅度的微调，使指标权重更合理的方法。其优点是能较好地反映出研究者的想法，并使权重系数的客观性增强，也避免了权重完全依赖于专家的知识、经验及重要指标的权重系数小而不重要指标的权重系数大的不合理现象（吴冰 等，2012）。具体做法是：首先，使各指标值实现标准差标准化；其次，对标准值进行坐标平移，避免出现负值；再次，将平移得到的数值同度量化，并计算该值与系列值之和的比重；最后，通过计算熵值、差异性系数，确定具体指标的信息权重系数。

1.4.3 技术路线

本书技术路线如图 1.1 所示。

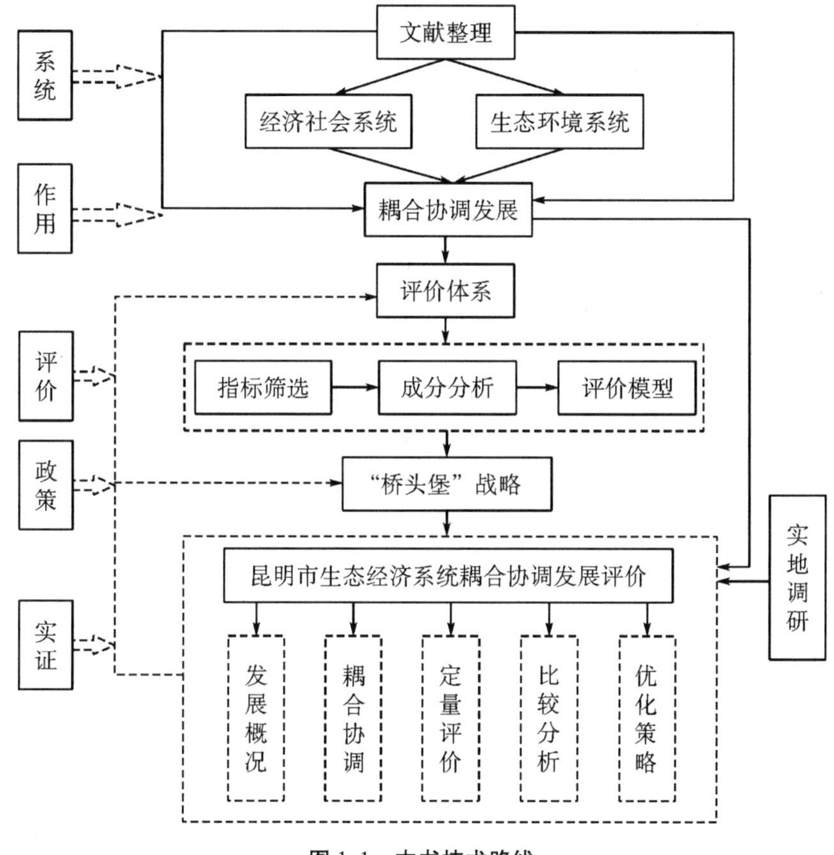

图 1.1　本书技术路线

1.5　研究的创新点

本书所做研究的创新点包括以下两个方面:

(1) 笔者通过优化生态经济系统耦合协调发展度评价体系，对昆明市生态环境和经济社会系统耦合协调发展进行定量分析，并将昆明市与西南地区其他省会城市及直辖市进行比较分析。

(2) 笔者将耦合协调发展模型、灰色预测模型、改进的熵值法与地理空间分析结合，采用以定量分析为主的方法对昆明市生态经济系统耦合协调发展进行系统研究。

1.6 本章小结

本章主要对国内外城市生态环境和经济社会协调发展重要研究成果进行了梳理。通过梳理，笔者发现：生态经济系统的发展前景是学术界关注的焦点，而城市生态经济系统是整个生态经济系统的核心组成部分；城市生态经济系统研究成果为城市人地关系的协调发展及区域可持续发展的调适策略的制定提供了科学依据，特别对我国西部城市的健康发展有着极为重要的指导意义。因此，笔者运用耦合协调发展度模型，深入分析昆明市生态环境和经济社会相互作用的规律与机理，并提出科学的优化策略，以期促进昆明市生态经济系统的可持续发展。

第 2 章　昆明市市情分析

根据相关史料记载，“昆明”城名的演变大概是这样的：最早的昆明城，叫“苴兰城”，后人又称之为“庄蹻故城”。苴兰城，距今已有 2 400 多年的历史，是在战国时期形成的。“苴兰城”的遗址在哪里？学界有几种看法，一说在今昆明市晋宁区的晋城，另一说在今黑林铺平板玻璃厂一带。其中，以“晋城”说占主流。汉朝的昆明城叫“谷昌城”或“郭昌城”，在之后相当长的时期内，即三国、两晋、南北朝时期，也都是这一名称。隋朝及唐初的昆明城叫“昆州城”，“昆州城”是隋文帝时设置的。《旧唐书》中有：“昆州，汉益州郡也。”据说是因“昆池”（滇池）而得名的。《蛮书》称：“昆池在拓东城西，南北百余里，东西四十五里。水源从金马山东北……水涌二丈余，清深汛急，至碧鸡山下，为昆州，因水为名也。”唐时，今云南洱海一带出现了六个部落，史称“六诏”。最南边的蒙舍诏与唐朝的关系最为亲近。当时，南诏国时期的昆明城叫“拓东城”，以后的大理国时期的昆明城叫“鄯阐城”。元朝时，“昆明”正式成为地名，第一次出现在中国古代行政管理机构的名单中。但是，当时民间把这个城市叫“鸭池”，或“押赤”“雅歧”。《马可波罗行记》中就是这样记载的。1276 年，元朝中央政府正式设立云南行省，并把昆明定为省会。省下设路，昆明又是中庆路的首府，故鄯阐城亦叫“中庆城”。这时，云南的政治、经济、文化中心，由大理转移到了昆明。此后的历朝历代，云南省会都是昆明。1922 年，昆明正式称昆明市（李永顺，2015）。

中华人民共和国成立后，经过 70 余年的综合开发与建设，昆明市已经成为历史文化名城、优秀旅游城市，也是中国面向东南亚、南亚开放的门户城市。2016 年 6 月，中国科学院发布的《中国宜居城市研究报告》显示，昆明市宜居指数在全国 40 个城市中位居第二。2017 年，昆明市获得“2017 年十大最具文化影响力城市”。

2.1 自然概况

2.1.1 地理位置

昆明市位于云贵高原中部略偏东北处，其经纬度位置为东经 102°10′~103°40′和北纬 24°23′~26°22′。昆明市东部与曲靖市接壤；南部与红河哈尼族彝族自治州、玉溪市为邻；西部与楚雄彝族自治州相接；北部临金沙江，与凉山州彝族自治州相望。昆明市三面环山，南濒滇池，海拔约为 1 900 m。昆明是云南省唯一的特大城市、滇中经济区首位城市、“桥头堡”建设的战略中心、中国与大湄公河次区域经济合作中心枢纽和主要通道。截至 2018 年年底，昆明市下辖 7 个区、3 个县，代管 1 个县级市和 3 个自治县。

2.1.2 地貌与地质

受整个云南高原的抬升运动和来自西北方向横断山余脉及北乌蒙山脉的影响，昆明市的地势为北高南低，由北向南呈阶梯状逐渐低缓。在昆明市，云岭山脉由西向东延伸。昆明市南面是滇池和阳宗海，北侧是拱王山、三台山与梁王山。昆明市以湖盆岩溶高原地貌形态为主。昆明市所在的滇中盆地是云南高原面积最大、发育最全的新生代山间断陷盆地，地貌复杂多样，地形高差较大。红壤为昆明市的基带土壤，昆明市的土壤垂直分异显著（刘丽萍 等，2011）。昆明市土壤类型垂直分布如图 2.1 所示。

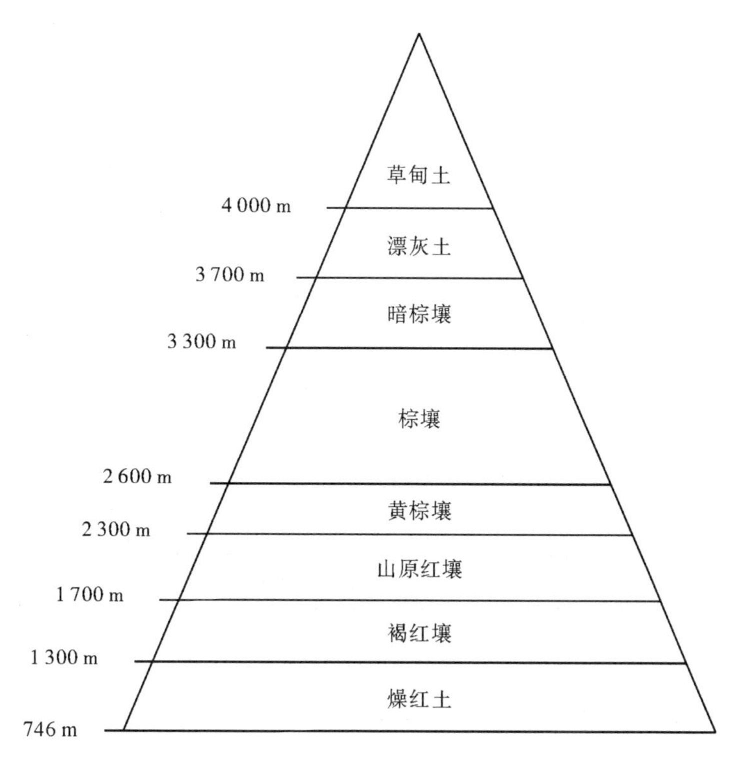

图 2.1　昆明市土壤类型垂直分布

2.1.3　气候、气象

昆明市属北亚热带低纬度高原山地湿润季风气候，冬无严寒，夏无酷暑，年温差小，日温差大。由于昆明市海拔相对高度差较大，因此，昆明市具有典型的立体气候特征（刘丽萍 等，2011）。昆明市气候类型海拔分布如图 2.2 所示。

2009 年以来，昆明市气温较之前稍高、降水量特少，多个县区的年降水量突破有气象记录以来最少值记录，出现了光热资源较好、旱情偏重的情况。近年来，昆明市气温四季波动较大，雨季来临偏晚，汛期降水量不足，夏季干旱，雨季结束偏早，秋季很少出现连阴雨天气。受干旱和低温冷害影响，昆明市粮食产量大范围减少。2017 年，昆明市主城区的年降水量为 1 186 mm。2011 年，昆明市主城区的年降水量为 662 mm，比 2010 年昆明市主城区年降水量少 205 mm，是 1951 年以来年降水量的第 4 个最少年，仅高于 1987 年（660 mm）、1992 年（661 mm）和 2009 年（571 mm）。昆明市主要有干旱、劲风、雷电冰雹等气象灾害和泥石流、崩塌、森林火灾等多种气象衍生灾害。其中，干旱是最严重的气象灾害。干旱为大昆明生态经济系统耦合协调发展带来了极为严重的负面影响。

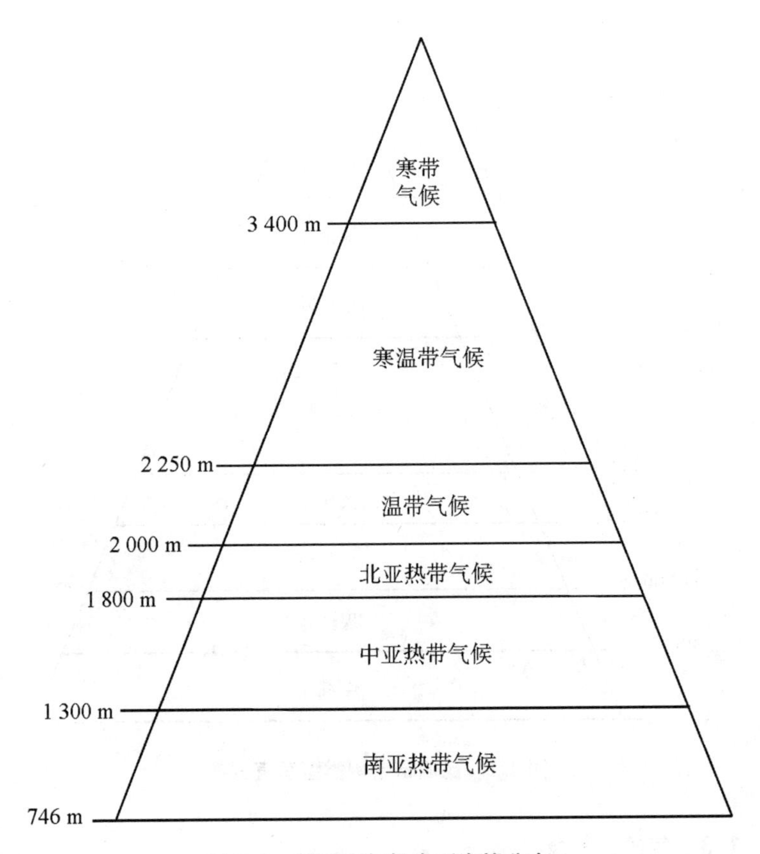

图 2.2　昆明市气候类型海拔分布

2.1.4　水文、水系

昆明市的河流分属金沙江、珠江和红河三大水系。受地质、地貌及森林植被影响，昆明市的河流形成了上下游相对高度差较大、流程短、水流季节性强的特点。除牛拦江、南盘江与普渡河在昆明市境内流程较长外，其余河流长度为几千米到几万米不等。处于昆明市城区的滇池流域是红河、珠江、金沙江的分水岭地带，其地域范围东起呈贡区梁王山，南至晋宁区照壁山，西至西山和大青山，北至嵩明县梁王山脉，流域面积约为 2 900 km^2。现在，昆明市城区的水库主要有大河、松华坝、宝象河等水库及外域调水水源区云龙水库。由于供水的主要来源为大气降水，近年来的干旱对昆明城区供水影响很大。

2.2 资源开发及利用情况

2.2.1 水资源

2008—2017 年，昆明市年平均降水量为 876.7 mm，为云南省年平均降水量的 74.44%；昆明市降水总量为 49.93×10^{8} m^{3}，为云南省降水总量的 2.68%。2011 年，昆明市地表水产水模数为 10.90×10^{5} m^{3}/km^{2}，是云南省平均值的 28.24%。2017 年，昆明市降水量为 1 055.7 mm。2017 年，昆明市水资源总量为 76.92×10^{8} m^{3}，比 2016 年多 30.1%，占云南省的 3.49%。昆明市水资源总量相对不足，2017 年，其水资源总量在全省仅高于玉溪市（48.23×10^{8} m^{3}）、楚雄彝族自治州（52.80×10^{8} m^{3}）、丽江市（62.46×10^{8} m^{3}）、大理白族自治州（79.12×10^{8} m^{3}），人均水资源量为 1 134 m^{3}，地下径流模数为 13.97×10^{5} m^{3}/km^{2}。不过，昆明市的水资源利用率高，开发强度较大。2015—2017 年昆明市水资源利用与开发状况如表 2.1所示。

表 2.1　2015—2017 年昆明市水资源利用与开发状况

年份	水资源总量 /m^{3}	人均水资源量 /（m^{3}·人）	降水量 /mm	每万元地区生产总值用水量 /m^{3}	农场人均生活用水量 /（L·d）	人均综合用水量 /（m^{3}·人）	农田灌溉每亩①用水量 /m^{3}	人均生活用水量（城镇）/（L·d）	每万元工业增加值用水量 /m^{3}
2015	66.68×10^{8}	999	1 073	45	80	268	423	130	47
2016	59.36×10^{8}	882	973.1	42	80	275	415	140	46
2017	76.92×10^{8}	1 134	1 055.7	37	89	270	415	134	39

资料来源：2015—2017 年昆明市水资源公报。

2.2.2 土地资源

在昆明市区域内，山多地少，广泛分布有丘陵和山地，其间分布着山间坝子、河谷和盐湖盆地。昆明市总面积为 21 473 km^{2}，其中 80%以上为山地和丘陵。2017 年，昆明市全市农用地面积为 161.23×10^{5} hm^{2}，其中包括园地 5.06×10^{5} hm^{2}、牧草地 0.3×10^{5} hm^{2}；建设用地面积为 16.59×10^{5} hm^{2}，其中包括居民

① 1 亩≈0.067 公顷。

点及工矿用地 13.61×10^5 hm^2、交通运输用地 1.91×10^5 hm^2、水利设施用地 1.07×10^5 hm^2；天然湿地面积为 4.6×10^5 hm^2。

2.2.3 森林资源

昆明市以高原地貌为主。复杂多样的山原地貌、垂直的地带分布、多变的气候使昆明植物种类繁多、森林生长良好。昆明市森林资源的特点是原始天然林少，人工林和次生林数量较多；混交林数量少，纯林数量多；近熟林、成熟林面积小，幼龄林、中龄林面积大；林地生产率不高，森林防护效益不高。近年来，昆明市森林覆盖率与林木绿化率逐年提升，林业建设工程所取得的生态效益良好。2017 年，昆明市全市森林覆盖率达到 50.5%。昆明市的林业已步入可持续发展阶段。2017 年全年昆明市完成营造林 3.80 万公顷。其中，人工造林 1.28 万公顷，封山育林及补植 0.61 万公顷。2017 年年末，昆明市建成区绿地总量为 1.6 万公顷。

2.3 经济社会概况

2.3.1 人口规模

2017 年年末，昆明市常住人口为 678.3 万人，比 2016 年增长 0.82%，人口增长率为 6.68‰。其中，城镇常住人口为 488.72 万人，所占比重为 72.05%；乡村人口为 189.58 万人，所占比重为 27.95%。2017 年，昆明市户籍人口为 563 万人。其中，城镇人口为 336.18 万人，占户籍人口的 59.71%；乡村人口为 226.82 万人，占户籍人口的 41.29%。

2.3.2 经济发展

2013—2017 年，昆明市地区生产总值平稳上升（见图 2.3），其地区生产总值与西部省会城市相比较，位居前列（见表 2.2）。2017 年，昆明市地区生产总值为 4 857.64 亿元，人均生产总值为 71 906 元；城镇居民人均可支配收入达 39 788 元，扣除价格因素，比 2016 年增长了 8.30%；农民年人均纯收入为13 698元，扣除价格因素，比上年增长了 9.1%。2017 年，昆明市实现公共预算收入 560.86 亿元，比 2016 年增长了 8.20%。其中，税收收入为 410.95 亿元，比 2016 年增长了 12.40%；一般公共预算支出为 775.9 亿元，比 2016 年增长了 8.2%。

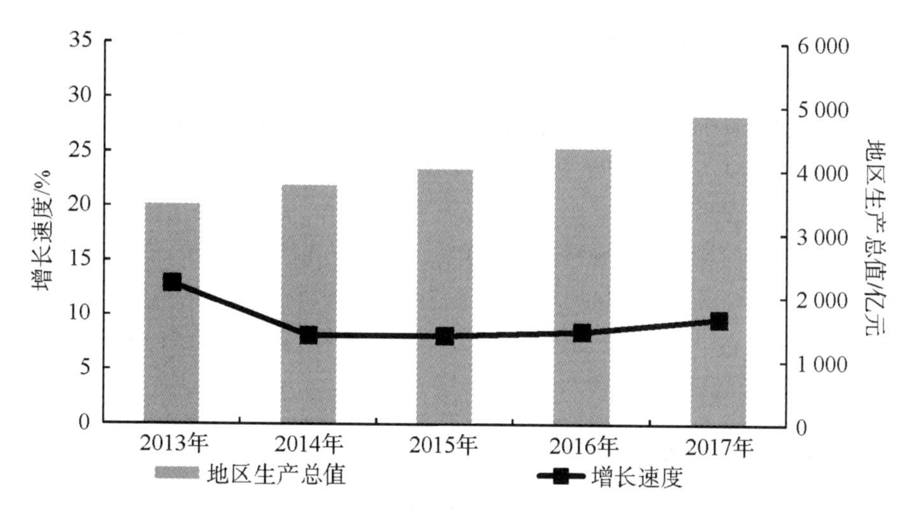

图 2.3　2013—2017 年昆明市地区生产总值与增长速度

表 2.2　昆明市生产总值在西部省会城市中的排名

年份	2008	2010	2012	2014	2015	2016	2017
排名	3	3	3	3	3	3	3

2.3.3　产业结构

近年来，作为云南省的政治、经济和文化中心的昆明市，基本上形成了以旅游、烟草、花卉、机电、冶金等为主导的产业结构体系。

2017 年，昆明市第一产业增加值为 210.13 亿元，按可比价计算，比 2016 年增长 6.1%；第二产业增加值为 1 865.97 亿元，按可比价计算，比 2016 年增加 9%；第三产业增加值为 2 781.54 亿元，按可比价计算，比 2016 年增长 10.5%。2017 年，昆明市的第一、第二、第三产业所占比重为 5.3∶46.3∶48.4。可以看出，昆明市的第二和第三产业的贡献率达到了 94.7%，这对推进昆明市的社会经济的加速发展起到了重要作用。

2.3.4　教育科技

截至 2017 年年底，昆明市共有普通高等院校 49 所，在校生 50.35 万人，专任教师 2.88 万人；中等职业教育学校 77 所，在校生 17.76 万人，专任教师 5 658 人；普通中学 314 所，在校生 32.72 万人，专任教师 2.57 万人；普通小学 755 所，在校生 48.57 万人，专任教师 2.85 万人；幼儿园 1 247 所，在园幼儿22.45万人，专任教师1.39万人；特殊教育学校6所，在校学生630人，专任教师212人；工读学校1所，在校学生78人，专任教师43人。截至2017年年底，昆明市高中阶段毛入学率为93.52%，普通初中毛入学率为114.14%，小学学龄儿童净入学率为99.77%，学前教育三年平均毛入园率为93.92%，残疾儿童入学率为98.3%。

2017年全年昆明市实施科技计划项目146项（市级），其中，重大科技计划项目2项。2017年全年昆明市受理专利申请16 925件。2017年全年昆明市登记技术合同3 158项，登记科技成果373项。其中，基础理论类10项，应用技术类293项，软科学类70项。

2.3.5 旅游产业

美丽的自然风光、灿烂的历史、众多的古迹、绚丽的民族风情，使昆明跻身全国十大旅游热点城市，进入首批中国优秀旅游城市行列。昆明市有重点风景名胜100多处，国家级旅游线路10多条，形成了辐射云南全省，连接东南亚，集旅游、观光、度假、娱乐为一体的旅游体系。石林和九乡、嵩明溶洞、安宁温泉、高原淡水湖泊滇池、阳宗海等旅游资源，加上宜物又宜人的独特气候环境，使昆明市与世界上另外三个“春城”——同处北回归线附近的南美洲的拉巴斯、中美洲的墨西哥城、非洲的亚的斯亚贝巴相比，更具吸引力。

昆明市的旅游资源日臻系列化，形成了园林花卉、风景名胜游览观赏，科学、文化、艺术交流，合作考察和国际贸易洽谈活动三大主流。2017年，昆明市接待国内外游客约1.334 3亿人次，比上年增长了约31.9%。其中，国内游客约1.320 8亿人次，比上年增长了约32.2%；海外游客134.07万人次，比上年增长了约8.6%。2017年全年昆明市实现旅游总收入1 608.66亿元，比上年增长了约49.8%。其中，国内旅游收入1 572.74亿元，比上年增长了约50.7%；旅游外汇收入5.32亿美元，比上年增长了约10.5%。

2.4 昆明市生态经济系统的演变及其城市化发展特征

大约七千年前，肥沃的滇池湖滨地带就已经存在以“刀耕火种”原始生产方式为主要特征的原始农耕部落。在之后的沧桑岁月里，昆明经历了兴衰变迁，到1949年中华人民共和国成立时，它才发展成一个拥有30.9万人口，城区面积仅为7.8 km^2的中等城镇。1950年年初，昆明市人民政府建立。经过几十年的社会主义建设，昆明市有了很大的变化和发展。2010 年，昆明市建成区面积达 366.77 km^2，总人口为 643 万人。城市的这种发展和变化是经济不断作用于生态环境系统的结果。昆明市的生态经济系统的演化大致上经历了三个阶段。第一个阶段为 1949—1957 年。在这一阶段，昆明市的经济、社会发育程度都很低，城区、郊区建成面积极小，工农业生产和国民经济基本上处于凋敝状态，加之人口数量不多，所以昆明市整体的生态经济系统基本上处于一种类似原生的自然状态。昆明市的经济活动处于相对平衡、协调和稳定的低级循环之中。第二个阶段为 1958—1978 年。在这一阶段，昆明市的经济、社会的发展对自然生态环境造成了一定的破坏，尤其是森林资源的大量减少和滇池流域面积的缩小，大大降低了城市自然生态系统自身的调节能力。昆明市的环境污染、破坏和生态经济系统的失调，还没有达到足以引起人们警觉的程度。第三个阶段为 1979 年至今。在这一阶段，一方面，昆明市经济快速发展，城市人口膨胀，特别是有大量流动人口；工矿企业增加，企业规模扩大，特别是乡镇企业数量增加；农用化肥、农药使用量增加，滇池周围农业污染也在加重；等等。另一方面，在昆明城市经济建设中，工业企业布点过多、过于集中，而城市环境建设又相对滞后，所以昆明城市经济社会发展和城市生态环境系统之间的矛盾加剧。

21 世纪以来，中国的城市化进程加快。昆明市的城市化水平较高，在 2007 年就达到了 59.1%，处于加速发展阶段。城市化进程在空间上表现出强烈的“向心性”。2017 年，昆明市主城区面积还不到全市面积的 1/10，却容纳了全市 80%以上的城镇人口。昆明市主城区及周边地区还聚集了昆明市绝大多数的工业企业、高等院校及政府行政机构。昆明城乡之间、地区之间发展差别巨大，二元结构明显。昆明市中心城区功能过分集中，使主城区环境负荷过重、环境问题突出，如滇池流域水资源污染问题越来越严重，其水质为劣 V 类水质。昆明市的水源地的供水量也有所下降。今后的一段时期将是昆明市综合实力进一步提升，实现跨越式发展的重要阶段。

2.5　滇中新区发展规划

2015 年 9 月 7 日，国务院印发了《国务院关于同意设立云南滇中新区的批复》（国函〔2015〕141 号），明确将云南滇中新区打造成为我国面向南亚东南亚辐射中心的重要支点、云南“桥头堡”建设重要经济增长极、西部地区新型城镇化建设综合试验区和改革创新先行区。按照这一战略定位，云南省委省政府提出了“一年打基础、三年见成效、五年大跨越”的目标任务。同时，为适应滇中新区功能定位、发展规划的变化，2015 年 10 月 11 日，中共云南省委办公厅、云南省人民政府办公厅印发了《中共云南省委办公厅 云南省人民政府办公厅关于云南滇中新区管理体制的意见》（云办发〔2015〕30 号），构建了“省级决策领导、新区独立建制、市区融合发展”的管理体制，为云南滇中新区在新的起点上深化改革、创新驱动、加速发展奠定了坚实的体制基础。

2017 年全年，云南滇中新区实现地区生产总值 574. 43 亿元，同比增长了约 12. 8%。2017 年全年，云南滇中新区实现固定资产投资（不含农户）730 亿元，同比增长了约 2%。

截至 2020 年年底，云南滇中新区常住人口规模在 113 万人左右，常住人口城镇化率在 70%左右，地区生产总值突破 1 000 亿元。云南滇中新区将实现超常规、跨越式发展，云南滇中新区的国家面向南亚东南亚开放的辐射支点作用将进一步显现。到 2035 年，云南滇中新区常住人口规模将达到 265 万人，常住人口城镇化率将达到 90%左右，地区生产总值将突破 6 000 亿元；云南滇中的国家面向南亚东南亚开放的门户地位将更加突出。

2. 6 “桥头堡”战略

改革开放以来，我国对外开放侧重于面向太平洋东部开放。目前，我国约 10%的货物和 90%以上的原油运输都要经过马六甲海峡。为拓宽国际发展空间，我国需加大面向西南开放的力度，“桥头堡”战略应运而生。

《现代汉语词典》（第七版）对“桥头堡”的解释为：①为控制重要桥梁、渡口而设立的碉堡、地堡或者据点；②设在大桥桥头像碉堡的装饰构建筑物；③泛指作为进攻的据点。本书中的“桥头堡”是陆桥经济中一个具有特定内涵的重要概念。融国际运输中心、金融中心、信息中心为一体的国际商贸中心，是“桥头堡”的主要功能定位。

“桥头堡”战略是我国向西南开放、实现睦邻友好的战略；也是云南省实施“兴边富民”工程，实现边疆少数民族脱贫致富奔小康的现实需要；对促进云南省经济社会又好又快发展具有重大意义（杨林坤，2012）。“桥头堡”战略是胡锦涛在 2009 年 7 月考察云南时提出的。它既是立足云南的一个对外开放的国家重大战略，又是云南省建设发展和对外开放的重大机遇。此后，加快“桥头堡”建设，把云南建成中国沿边开放经济区，围绕交通通信、现代物流、特色优势产业、金融服务、生态环境、社会事业等各方面的工作，结合贯彻落实西部大开发战略和“十三五”规划精神，努力推动各项事业的全面发展已成为云南发展的重要目标。2011 年 5 月，国务院颁布了《关于支持云南省加快建设面向西南开放重要桥头堡的意见》（以下简称《意见》），这意味着“桥头堡”战略正式上升到国家战略层面。从《意见》来看，这一国家重大战略的实施给昆明市经济社会发展带来前所未有的机遇，但也给昆明市的生态环境发展带来了较为严峻的挑战。“桥头堡”战略的实施，将以昆明市为中心的滇中高原湖泊地理区培育成云南省经济发展的重要增长极。昆明市即将成为全国性物流节点城市与区域物流中心，面向东南亚、南亚的国际技术、人才交流中心。昆明市也将成为我国另一个新经济增长中心，发挥增长极的作用。在“桥头堡”战略背景下，研究昆明市生态经济系统耦合协调发展，对于实现昆明市的可持续发展具有重要的意义。

2.7　本章小结

本章对昆明市的自然概况、资源开发及利用情况、经济社会概况、昆明市生态经济系统的演变及其城市化发展特征进行分析，并对“桥头堡”战略进行介绍，为下文研究奠定基础。

第 3 章　昆明市生态环境与经济社会系统耦合协调发展评价

昆明市是以滇池为依托形成的高原盆地型生态经济系统。滇池盆地独特的地理条件不仅打造了昆明市优越的气候环境，同时也为昆明市的发展提供了丰富的自然、经济、社会资源。然而，伴随着对经济社会的开发，特别是工业化生产体系的建立，城市的生态环境问题日益突出。本章通过对昆明市生态经济系统协调演进状态及其过程进行分析，揭示其生态环境与经济社会之间存在的主要矛盾，并从中认识其生态经济系统整体耦合协调的主要特点。

笔者运用耦合协调发展度模型对 2008—2017 年昆明市生态经济系统发展的可持续性做定量评价，以探讨生态经济系统耦合协调演进趋势。在此基础上，笔者运用 GM（1，1）模型对昆明市 2018—2022 年人口总量与人均农用地面积进行预测，以对昆明市生态经济系统可持续发展情况和生态安全进行评价，并制定相应的调适策略。基于耦合协调发展度模型的特点，笔者依据评价指标的代表性、可比性、客观性与层次性原则，用生态环境与经济社会两大系统的发展能力来表现昆明市的人地关系的可持续演进情况。考虑到昆明市的自然资源、环境、经济、社会等状况，笔者在选择针对性强、使用频率较高指标的基础上，运用了表征城市环境现状的大气质量、水环境、声环境等指标和旅游资源丰度、产业高级化率等指标对人地关系系统进行研究。鉴于数据的连续性、可获得性，笔者通过一系列科学计算，最终选取 16 项既相互联系又有区别的指标构建多层次评价体系，力求能够全面、准确地反映昆明市的生态经济系统耦合协调演进状态及发展阶段。

3.1　资料来源

笔者在本研究中所参考的资料主要包括四类。①文献资料。笔者主要通过中国知网、开世揽文、维普等电子数据库，以及学校图书馆、贵州省图书馆、上海图书馆等纸质图书资料查阅处获取文献。②统计资料。笔者主要参考如下统计资料：2009—2018 年云南统计年鉴、2009—2016 年云南年鉴、2009—2018 年昆明统计年鉴、2008—2017 年昆明市环境质量状况公报、2008—2017 年昆明市水资源公报、《松华坝饮用水水源区管理和保护总体规划》、2009—2018 年中国城市统计年鉴。③调研资料。调研数据来自笔者 2017 年所做调研。笔者通过对昆明市环保局、统计局、教育局及盘龙区人民政府和相关专家、工作人员进行咨询，了解了昆明市经济发展、生态环境的现状，并获得了一些数据。④网站资料。笔者在昆明市统计局、云南省水利厅、云南省旅游和文化厅等官方网站获取了有关水资源与旅游景点的数据。具体数据资料见附表 1 到附表 3。

3.2 研究过程

为了能够客观评价生态经济系统的协调演进的情况，笔者运用耦合协调发展度模型和改进的熵值法对昆明市生态经济系统可持续性做定量分析。同时，笔者利用 GM（1，1）模型对 2018—2022 年昆明市人口总量与人均农用地面积进行预测，以探讨昆明市生态经济系统的演进趋势、生态安全及调适策略。

3.2.1 构建评价指标体系

评价指标体系的构建是一个系统思考的过程。该过程既可以通过定性分析完成，也可以通过定量分析来实现。在确定城市生态经济系统耦合协调指标体系时，笔者力求做到将定性分析和定量评价相结合。首先，笔者运用理论分析、频度统计和咨询专家的方法对评价指标体系进行预设计，建立了初步评价指标体系。在此，为明确研究目的，笔者将昆明市界定为生态环境与经济社会两大系统，分别从生态环境发展水平、生态环境压力、生态环境响应、经济发展水平、城市人口发展能力、城市社会发展水平、空间城市化七个方面进行分析。生态环境系统的具体评价指标包括：人均水资源拥有量、平均气温、平均相对湿度、森林覆盖率、旅游资源丰度、单位面积粮食产量、人均公用绿地面积、人均园地面积、人均湿地面积、人均牧草地面积、农药污染强度、化肥污染强度、万元工业产值废水排放量、万元工业产值固体废物排放量、建成区绿化覆盖率、人均工业废气排放量、空气综合污染指数、空气质量优良率、人均工业固体废物产生量、人均工业废水排放量、噪声平均值、污水处理率、工业固体废物综合利用率、生活垃圾处理率、环保投资比重、自然保护区面积比重、造林总面积。经济社会系统的具体评价指标包括：人均地区生产总值、产业结构高级化率、经济密度、工业占工农业产值的比重、人均固定资产投资、第三产业占地区生产总值的比重、人均工业总产值、人均第三产业增加值、非农产业从业人口所占比重、人口自然增长率、人口城镇化率、人均地方财政收入对人均地区生产总值的弹性系数、大学生所占比重、科技人员所占比重、城镇居民可支配收入、农牧民人均纯收入、人均住房面积、万人拥有医生数、人均道路面积、百人拥有公共车辆、用水普及率、百户拥有移动电话数、建成区面积所占比重、人口总量、城市人口密度。其次，笔者利用 SPSS 18.0 对上述两大系统的具体指标进行变异度、相关性及因子（主成分性）分析。最后，笔者删除与合并部分指标，从而确定适合本研究的指标评价体系。本章指标体系构建的具体步骤见图 3.1。

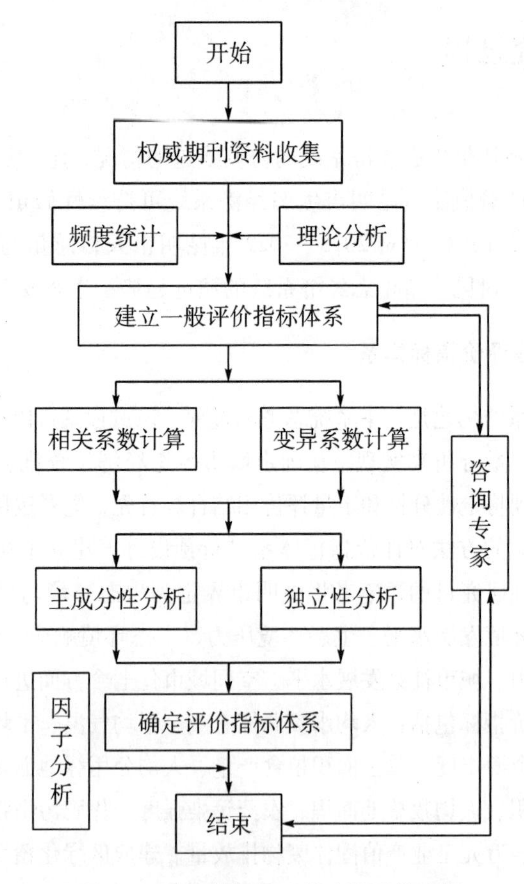

图 3.1　本章指标体系构建的具体步骤

下面对指标体系的构建进行具体说明：

（1）经济数据转化。

笔者根据历年昆明市统计年鉴上的价格指数对相关经济数据进行换算（以2000年为不变价），使其成为可以比较的数值。

（2）数据标准化处理。

笔者采用Z-score法对各指标值实现标准差标准化：

$$X_{ij}' = (X_{ij} - \bar{X}_j)/S_j \tag{3.1}$$

在式（3.1）中，X_{ij} 为指标原始值，X_{ij}' 为标准化后的指标数值，S_j 为第 j 项指标值的标准差，$\bar{X}_j$ 为第 j 项指标值的平均值。

一般地，X_{ij}' 的范围在-5到5之间，为消除负数出现，平移坐标后，令

$$Z_{ij} = 5 + X_{ij}' \tag{3.2}$$

按此方法处理后，数据具有较强的可比性。笔者根据熵值法对此数据进行处理，增强了其科学性与可操作性。

（3）相关系数计算与合并重复指标。

笔者运用SPSS 18.0统计软件生成各指标间的相关系数，找出系数小于临界值的独立指标，并根据变异度模型，即式（3.3），对具体指标进行独立性和主成分性分析。变异度模型如下：

$$C_{vi} = \frac{X_{ij}'}{\bar{x}} \tag{3.3}$$

真相关系数在0.95以上者为重复指标，需要合并。合并步骤如下：首先，辨别真假相关。同类型指标的相关系数为正，则称为真相关；否则，就是假相关。其次，对空间变异度小并且真相关系数大于0.95的指标进行筛选或合并。合并时，我们应优先保留高层次指标和综合性指标（刘耀彬 等，2005）。笔者根据式（3.1）和式（3.2）对原始指标数据进行处理后，运用SPSS 18.0软件对生态环境发展水平、生态环境压力、生态环境响应、经济发展水平、城市人口发展能力等指标集进行相关性分析，并依据式（3.3）对重复指标进行合并，依次将人均牧草地面积、人均园地面积、农药污染强度、万元工业产值废水排放量、空气污染综合指数、自然保护区面积比重、污水处理率、人口总量、人均地区生产总值、万元工业产值固体废物排放量、人均第三产业增加值、人口城镇化率、城镇居民可支配收入、农牧民人均纯收入、工业占工农业产值比重、百人拥有公共车辆数、用水普及率指标删除。

（4）利用因子分析完成整个指标体系的主成分选取。

笔者利用SPSS 18.0软件，对剩余的具体指标特征根的变化情况、因子结

果碎石图、主成分旋转载荷矩阵进行分析。由于化肥污染强度与人均湿地面积两个指标的数据过于分散，因而笔者剔除了这两个数据。最后，生态环境系统与经济社会系统各剩余 16 项指标，构成了最终的评价指标体系（见表 3.1）。2008—2017 年昆明市经济社会系统评价指标体系数据标准化处理结果见表 3.2，2008—2017 年昆明市生态环境系统评价指标体系数据标准化处理结果见表 3.3。

表 3.1　昆明市生态经济系统评价指标体系

系统	功能团	具体指标	单位	系统	功能团	具体指标	单位
X：经济社会系统	X_A：经济发展水平	X_1：经济密度	元/km^2	Y：生态环境系统	Y_A：生态环境发展水平	Y_1：人均水资源拥有量	m^3
		X_2：人均固定资产投资	元			Y_2：平均气温	℃
		X_3：产业结构高级化率	%			Y_3：平均相对湿度	%
		X_4：人均地方财政收入对人均地区生产总值的弹性系数	—			Y_4：森林覆盖率	%
		X_5：第三产业占地区生产总值的比重	%			Y_5：旅游资源丰度	—
		X_6：人均工业总产值	元			Y_6：单位面积粮食产量	t/hm^2
	X_B：城市人口发展能力	X_7：非农产业从业人口所占比重	%			Y_7：人均公用绿地面积	m^2
		X_8：人口自然增长率	%		Y_B：生态环境压力	Y_8：人均工业废水排放量	t
		X_9：大学生所占比重	%			Y_9：人均工业固体废物产生量	t
		X_{10}：科技人员所占比重	%			Y_{10}：人均工业废气排放量	m^3
	X_C：城市社会发展水平	X_{11}：人均住房面积	m^2			Y_{11}：噪声平均值	dB
		X_{12}：每万人拥有医生数量	人		Y_C：生态环境响应	Y_{12}：空气质量优良率	%
		X_{13}：人均道路面积	m^2			Y_{13}：工业固体废物综合利用率	%
		X_{14}：百户拥有移动电话数	部			Y_{14}：生活垃圾处理率	%
	X_D：空间城市化	X_{15}：建成区面积所占比重	%			Y_{15}：造林总面积	10^5 hm^2
		X_{16}：城市人口密度	人/km^2			Y_{16}：建成区绿化覆盖率	%

注：①产业结构高级化率即第二、第三产业生产总值占地区生产总值的比重，用以反映区域内经济发展的整体水平（吕晓，2009）。②人均地方财政收入对人均地区生产总值的弹性系数即人均地方财政收入变化率与地区生产总值增长率的比值，用以反映财政收入对地区生产总值变化的影响（曲福田 等，2010）。

表 3.2　2008—2017 年昆明市经济社会系统评价指标体系数据标准化处理结果

系统	功能团	具体指标代码	年份				
			2008	2009	2010	2011	2012
X	X_A	X_1	0	0.064 6	0.155 4	0.277 4	0.434 6
		X_2	0	0.364 3	0.674 7	1	0.238 3
		X_3	0	0.435 4	0.481 7	0.556 2	0.556 4
		X_4	−0.927 7	−0.587 3	−1	−0.934 6	−0.458 2
		X_5	0	0.206 6	0.200 1	0.141 1	0.188 5
		X_6	0	0.067 0	0.196 0	0.469 8	0.780 9
	X_B	X_7	0	0.102 6	0.012 8	0.359 0	0.493 6
		X_8	0	0.192 7	0.192 7	0.064 2	0.018 3
		X_9	0	0.115 6	0.240 9	0.388 3	0.463 0
		X_{10}	0.474 0	0.513 5	0.519 9	0.527 7	0
	X_C	X_{11}	0	0.063 8	0.107 5	0.254 8	0.410 6
		X_{12}	0	0.152 2	0.161 0	0.165 5	0.275 8
		X_{13}	0.266 6	0.205 5	0.055 8	0.187 6	0.045 3
		X_{14}	0	0.219 1	0.384 2	0.743 4	0.814 1
	X_D	X_{15}	1	0.667 1	0.676 6	0.467 0	0.554 8
		X_{16}	0	−0.076 9	−0.346 2	−0.461 5	−0.538 5

系统	功能团	具体指标代码	年份				
			2013	2014	2015	2016	2017
X	X_A	X_1	0.562 1	0.655 5	0.736 7	0.840 1	1
		X_2	0.471 2	0.546 7	0.682 0	0.840 2	0.945 7
		X_3	0.844 3	0.864 9	0.904 7	0.924 1	1
		X_4	−0.918 4	−0.264 4	−0.310 7	−0.228 5	0
		X_5	0.589 8	0.662 3	0.813 8	0.947 5	1
		X_6	0.951 1	0.830 2	0.799 0	0.782 0	1
	X_B	X_7	0.667 9	0.702 6	0.729 5	0.730 8	1
		X_8	0	0.110 1	0.357 8	0.568 8	1
		X_9	0.560 0	0.650 0	0.749 0	0.857 0	1
		X_{10}	0.597 3	0.045 6	0.816 5	0.901 2	1
	X_C	X_{11}	0.537 0	0.558 4	0.686 6	0.906 5	1
		X_{12}	0.508 5	0.543 0	0.691 6	0.884 8	1
		X_{13}	0.037 9	1	0.395 2	0.370 9	0
		X_{14}	0.746 0	0.787 7	0.870 3	0.949 2	1
	X_D	X_{15}	0	0.096 7	0.112 5	0.017 3	0.191 4
		X_{16}	−0.615 4	−0.692 3	−0.807 7	−0.884 6	1

表 3.3　2008—2017 年昆明市生态环境系统评价指标体系数据标准化处理结果

系统	功能团	具体指标代码	年份				
			2008	2009	2010	2011	2012
Y	Y_A	Y_1	0.975 0	0.335 1	0.475 0	0	0.169 1
		Y_2	0	0.923 1	1	0.076 9	0.692 3
		Y_3	0.571 4	0	0	0.714 3	0.142 9
		Y_4	0	0	0.1	0.354 5	0.183 6
		Y_5	0	0.043 3	0.172 7	0.172 7	0.172 7
		Y_6	0.863 2	0.716 6	0	0.559 5	0.414 0
		Y_7	0	0.187 5	0.545 7	0.711 5	0.622 6
	Y_B	Y_8	−0.459 5	−0.394 4	−0.029 6	−1	−0.641 8
		Y_9	−0.020 9	−0.098 5	−0.147 8	−1	−0.515 3
		Y_{10}	−0.273 2	−0.263 1	−0.465 8	−1	−0.799 3
		Y_{11}	0	−0.352 9	−0.470 6	−0.529 4	−0.529 4
	Y_C	Y_{12}	1	1	1	1	1
		Y_{13}	0.245 5	0.272 7	0.363 6	0.545 5	0.727 3
		Y_{14}	0.942 9	0.564 0	0.723 2	0	0.538 1
		Y_{15}	0	0.134 8	0.178 5	0.142 7	1
		Y_{16}	0	0.392 9	0.738 8	0.858 3	1

系统	功能团	具体指标代码	年份				
			2013	2014	2015	2016	2017
Y	Y_A	Y_1	0.276 0	0.507 6	0.822 0	0.673 9	1
		Y_2	0.461 5	0.769 2	0.615 4	0.307 7	0.230 8
		Y_3	0.285 7	0	0.571 4	1	1
		Y_4	0.367 3	0.718 2	0.900 0	1	0.743 6
		Y_5	0.172 7	0.676 3	0.769 8	1	0.964 0
		Y_6	0.862 4	1	0.986 6	0.998 3	0.827 5
		Y_7	0.740 4	0.812 5	0.795 7	0.951 9	1
	Y_B	Y_8	−0.564 2	−0.148 3	−0.201 3	−0.498 8	0
		Y_9	−0.677 8	−0.042 0	−0.163 7	0	−0.468 9
		Y_{10}	−0.806 0	0	−0.744 0	−0.568 8	−0.546 57
		Y_{11}	−0.941 2	1	−0.823 5	−0.823 5	−0.647 1
	Y_C	Y_{12}	0	0.656 9	0.749 1	0.874 6	0.840 4
		Y_{13}	0.636 4	0	1	0.037	0.153 6
		Y_{14}	0.423 9	0.301 9	0.647 9	0.553 6	1
		Y_{15}	0.871 7	0.822 7	0.704 2	0.722 2	0.489 7
		Y_{16}	0.132 8	0.583 7	0.612 7	0.734 0	0.742 2

3.2.2　确定评价指标的权重

构建指标体系时，采用何种方法确定指标权重对于评价结果的客观性有着重要的影响。合理、科学的指标体系构建是研究的关键与基础。目前，在生态环境与经济社会发展协调研究、城市发展可持续性评价、人地关系演进状态分析等研究成果中，有几种常见的确定权重的方法（见表 3.4）。评价指标通过比较它们的优缺点，就能更好辨别其优越性。本研究运用改进的熵值法，即信息熵，来确定评价指标权重。

表 3.4　常见的确定权重的方法

评价方法	主要优点	主要缺点
综合加权指数法	可以灵活处理定性、定量指标	主观性较大
模糊综合评价法	可以充分发挥专家的优势	评价成本较高，主观性较大
主成分分析法	能处理高维数据，客观性强	损失部分数据信息，计算强度大
层次分析法	更合理地确定指标权重	需要多位专家给出两两指标的对比
改进的熵值法	避免指标间信息重叠与人为确定权重的主观性，保证数据标准化处理后出现零	计算强度较大

资料来源：张冬梅，刘妍语，赵雷雷. 生态经济综合评价指标体系研究：以贵州省为例 [J]. 学术交流，2011（12）：81-84.

信息熵主要是指对系统状态的不确定性程度的度量。通常认为，信息熵值越高，系统结构越均衡，差异就越小；信息熵值越低，系统结构就越不均衡，差异也越大。因此，笔者根据信息熵值来计算权重。具体程序如下：

（1）为了使数据的量纲一致，笔者对确定的指标原始数值进行标准化处理，处理过程见式（3.1）和式（3.2）。

（2）根据昆明市生态经济系统的特征，笔者按照式（3.1）和式（3.2）对数据进行处理后，利用改进的熵值法计算昆明市生态经济系统各指标的权重。笔者对已经构造的判断矩阵 $\boldsymbol{X} = |X_{ij}|_{n\times m}$，按式（3.4）做归一化处理，得到标准矩阵 $\boldsymbol{Y} = |Y_{ij}|_{n\times m}$。式（3.4）的公式如下：

$$Y_{ij} = Z_{ij} / \sum_{i=1}^{m} Z_{ij} \tag{3.4}$$

在式（3.4）中，Z_{ij}为 $X_{ij}^{'}$平移坐标后的新标准化值。一般情况下，$X_{ij}^{'}$的范围在 -5 到 5 之间。为消除负数出现，笔者进行坐标平移：

$$e_j = -k \sum_{i=1}^{m} (Y_{ij} \cdot \ln Y_{ij}) \tag{3.5}$$

在式（3.5）中，$k>0$，ln 为自然对数，$e_j \geqslant 0$。若 X_{ij} 对于给定的 j 全部相等，

那么

$$Y_{ij} = Z_{ij} / \sum_{i=1}^{m} Z_{ij}$$

此时，e_j 取极大值，即

$$e_j = -k \sum_{i=1}^{m} (1/m) \ln(1/m) = k \ln m \tag{3.6}$$

根据式（3.6），笔者设 $k = 1/\ln m$，就得到 $0 \leqslant e_j \leqslant 1$。对于给定的 j，X_{ij} 的差异性越小，则 e_j 越大；当 X_{ij} 全部相等时，则有 $e_j = \max(e) = 1$，指标 X_{ij} 此时对于方案的比较毫无作用。当各方案的指标差值越大时，e_j 就会越小，该指标对于方案起着比较重要的作用。于是，定义冗余度的系数为 $1-e_j$。$1-e_j$ 越大，指标越重要（李创新 等，2012）。因此，确定 j 项指标的信息权重公式如下：

$$w_j = (1 - e_j) / \sum_{j=1}^{n} (1 - e_j) \tag{3.7}$$

在式（3.7）中，e_j 表示 j 项指标的信息熵；w_j 表示 j 项指标的权重；$1-e_j$ 代表冗余度；m 代表评价年数；n 代表指标个数；为了保证信息熵为正值，令 $k = 1/\ln m$。

3.2.3 建立评价模型

3.2.3.1 建立耦合协调发展度模型

耦合协调发展度模型综合了生态环境系统与经济社会系统的指标的协调状况并反映了两者的发展程度，具有简便与综合的特点。它可用于不同城市之间、同一城市在不同时期环境与经济协调发展状况的定量评价和比较（廖崇斌，1999；李鹤 等，2007），也适用于人地关系协调等级与发展阶段的评价。

笔者令 X_1，X_2，X_3，…，X_{16} 作为描述经济社会效益的指标，令 Y_1，Y_2，Y_3，…，Y_{16} 作为描述生态环境效益的指标。它们的函数关系式为

$$\begin{aligned} f(X) &= \sum_{i=1}^{n} w_i X_i^{'} \\ f(Y) &= \sum_{j=1}^{n} w_j Y_j^{'} \end{aligned} \tag{3.8}$$

在式（3.8）中，$f(X)$ 代表经济社会效益，$f(Y)$ 代表生态环境效益，w_i 和 w_j 分别代表经济社会与生态环境各指标的权重，X_i 和 Y_j 分别代表经济社会与生态环境各指标标准化后的数值。其基本公式为

$$X_{ij}^{'} = \frac{X_{ij} - \min\{X_j\}}{\max\{X_j\} - \min\{X_j\}}$$
$$X_{ij}^{'} = \frac{\max\{X_j\} - X_{ij}}{\max\{X_j\} - \min\{X_j\}} \tag{3.9}$$

在式（3.9）中，第一式运用了正向指标计算方法，第二式运用了负向指标计算方法，X_{ij}为第 i 年份第 j 项评价指标的数值；$X_{ij}^{'}$为指标标准化以后的值；max $\{X_j\}$ 和 min $\{X_j\}$ 分别为第 j 项评价指标的最大值与最小值。

耦合协调发展度也称协调发展系数，用以衡量两个或者两个以上系统的发展水平以及它们相互作用的程度。在本节中，耦合协调发展度是用来衡量生态环境与经济社会两个系统的耦合水平的，用 D 表示：

$$D = \sqrt{C \cdot T} = \sqrt{af(X) + bf(Y)} \cdot \sqrt{\left\{\frac{4f(X) \cdot f(Y)}{[f(X) + f(Y)]^2}\right\}^k} \tag{3.10}$$

$$T = af(X) + bf(Y) \tag{3.11}$$

$$C = \sqrt{\left\{\frac{4f(X) \cdot f(Y)}{[f(X) + f(Y)]^2}\right\}^k} \tag{3.12}$$

在上面的三个式子中，T 代表生态环境与经济社会综合效益的指数；C 代表耦合度；a 和 b 为待定系数，考虑到生态环境与经济社会发展对城市协调发展的贡献率是相同的，所以笔者将它们均设定为 50%；k 为调节系数，由于评价体系分为两大系统，故计算时设定 $k=2$。为了使耦合协调发展度能对应定性标准，在借鉴现有研究成果的基础上，本章设定的昆明市生态经济系统耦合协调发展水平的度量标准如表 3.5 所示。

表 3.5　昆明市生态经济系统耦合协调发展水平的度量标准

耦合协调发展度 D	0.20~0.39	0.40~0.49	0.50~0.59	0.60~0.69	0.70~0.79	0.80~0.89	0.90~1.00
耦合协调发展等级	中度失调	轻度失调	勉强协调	初级协调	中级协调	良好协调	优质协调

3.2.3.2　建立灰色预测模型

当原始时间序列数值隐含着准指数变化规律且光滑性检验符合要求时，灰色预测模型 GM（1，1）的预测是非常成功的。灰色预测模型以微分方程为表现形式，它揭示了事物连续发展的过程，符合人口总量与农用地面积的渐变规律。因此，本书将人口与农用地的数量变化过程认定为一个灰色系统，构建灰色预测模型对昆明市 2018—2022 年总人口与农用地面积变量进行预测，以分析研究人口与农用地的变化趋势。该预测结果是对昆明市生态经济系统短期演进态势的直接反映。具体过程如下：

（1）构造 GM（1，1）模型。

设已知数据变量组成序列为 $x^{(0)}$，则可得到数据序列：

$$X^{(0)} = (x^{(0)}(1), x^{(0)}(2), x^{(0)}(3), \cdots, x^{(0)}(n))$$

用 1-AGO 模型生成累加序列：

$$X^{(1)} = (x^{(1)}(1), x^{(1)}(2), x^{(1)}(3), \cdots, x^{(1)}(n))$$

其中，

$$x^{(1)}(k) = \sum_{i=1}^{k} x^{(0)}(i), \ k = 1, 2, 3, \cdots, n$$

$Z^{(1)}$ 为 $X^{(1)}$ 的紧邻均值生成序列：

$Z^{(1)} = (z^{(1)}(2), z^{(1)}(3), z^{(1)}(4), \cdots, z^{(1)}(n))$

其中，$Z^{(k)} = 0.5^{(1)}(k) + 0.5^{(1)}(k-1)$，$k = 2, 3, 4, \cdots, n$，此方程被称为灰色微分方程。

$x^{(0)}(k) + az^{(1)}(k) = b$ 为 GM（1，1）模型，$\frac{dx^{(1)}}{dt} + ax^{(1)} = b$ 为 GM（1，1）模型的白化方程。

若 $\hat{a} = \begin{pmatrix} a \\ b \end{pmatrix}$ 为参数列，且 $Y = \begin{bmatrix} x^{(0)}(2) \\ x^{(0)}(3) \\ x^{(0)}(4) \\ \cdots \\ x^{(0)}(n) \end{bmatrix}$，$B = \begin{bmatrix} -z^{(1)}(2) & 1 \\ -z^{(1)}(3) & 1 \\ -z^{(1)}(4) & 1 \\ \cdots & \cdots \\ -z^{(1)}(n) & 1 \end{bmatrix}$，则 $x^{(0)}(k) + az^{(1)}(k) = b$ 为灰色微分方程。它可以表示为 $Y = B\hat{a}$。笔者利用最小二乘估计得到 $\hat{a} = (B^T B)^{-1} B^T Y$ 求解的白化方程，并可得预测模型：

$$\hat{x}^{(1)}(k+1) = \left(x^{(0)}(1) - \frac{b}{a}\right) e^{-a(k-1)} + \frac{b}{a} \tag{3.13}$$

一般取 $x^{(0)}(0) = x^{(1)}(1)$，并对其做累减还原，则可以得到原始数列的灰色预测模型：

$$x^{(0)}(k+1) = \hat{x}^{(1)}(k+1) - \hat{x}^{(1)}(k), \ k = 1, 2, 3, \cdots, n-1 \tag{3.14}$$

（2）检验预测模型。

绝对误差序列为

$$\Delta^{(0)}(i) = X^{(0)}(i) - \widehat{X}^{(0)}(i), \ i = 1, 2, 3, \cdots, n \tag{3.15}$$

相对误差序列为

$$\varphi(i) = \frac{\Delta^{(0)}(i)}{X^{(0)}(i)} \times 100\% \tag{3.16}$$

在式（3.15）和式（3.16）中，$\Delta^{(0)}(i)$ 表示绝对误差值，$X^{(0)}(i)$ 表示原始数据值，$\widehat{X}^{(0)}(i)$ 表示预测数据值，$\varphi(i)$ 表示相对误差值。

3.2.3.3 皮尔森相关系数分析

皮尔森相关系数是一种线性相关系数，它是用来表征两个变量线性相关程度的统计量。其计算公式如下：

$$r_{XY}=\frac{\sum_{i=1}^{n}(X_i-\bar{X})(Y_i-\bar{Y})}{\sqrt{\sum_{i=1}^{n}(X_i-\bar{X})^2}\times\sqrt{\sum_{i=1}^{n}(Y_i-\bar{Y})^2}} \tag{3.17}$$

在式（3.17）中，r_{XY} 表示相关系数，$-1\leqslant r_{XY}\leqslant 1$。$X$ 和 Y 分别表示经济社会效益指数与生态环境效益指数，$\bar{X}$ 和 $\bar{Y}$ 分别表示经济社会效益指数平均值与生态环境效益指数平均值，n 为样本量。r_{XY} 大于 0，表示两大子系统呈正相关；r_{XY} 小于 0，表示两大子系统呈负相关。r_{XY} 的绝对值越接近于 1，两大子系统的关系越密切；r_{XY} 越接近于 0，两大子系统的关系越不密切。相关系数取值范围度量标准如表 3.6 所示。

表 3.6 相关系数取值范围度量标准

相关系数 r	0~0.19	0.20~0.39	0.40~0.59	0.60~0.79	0.80~1.00
度量等级	极弱相关	弱相关	中等相关	强相关	极强相关

3.3 计算结果及评价

首先，笔者对 2008—2017 年昆明市经济社会系统和生态环境系统的具体指标的原始数据按照式（3.1）和式（3.2）进行标准化处理。其次，笔者利用式（3.4）到式（3.7）计算出各项指标的权重（见表 3.7）。再次，笔者通过式（3.8）到式（3.12）得出 2008—2017 年昆明市生态经济系统耦合协调发展度 D 与耦合度 C（见表 3.8）。D 是评价人地关系协调演进态势的稳定值。D 值越大，说明区域发展水平越高。$C\in(0,1)$。C 值越大，说明系统之间或系统内部各要素之间共振耦合越趋向于良性，整个系统将处于有序状态；反之，则表明系统处于失调或者是不稳定的状态。最后，笔者利用式（3.10）得出 2018—2022 年昆明市总人口与农用地面积数据，并根据式（3.11）到式（3.15）对结果进行检验，以预测昆明市未来的人口和农用地变化趋势对昆明市生态经济系统耦合协调发展及“桥头堡”建设的影响。

笔者通过对昆明市2008—2017年的经济社会效益和生态环境效益进行皮尔森相关分析，得到皮尔森系数的值，即0.916 5，这表明昆明市经济社会效益和生态环境效益之间存在高度正相关。因此，下文对昆明市生态经济系统进行T、C、D的值的测算、分析。

表3.7　昆明市生态经济系统评价指标权重值

系统	功能团权重	具体指标代码	权重	系统	功能团权重	具体指标代码	权重
X	X_A: 0.395 8	X_1	0.076 5	Y	Y_A: 0.504 4	Y_1	0.057 5
		X_2	0.079 8			Y_2	0.158 7
		X_3	0.034 5			Y_3	0.061 9
		X_4	0.075 8			Y_4	0.062 2
		X_5	0.052 9			Y_5	0.031 0
		X_6	0.076 3			Y_6	0.062 2
	X_B: 0.263 4	X_7	0.056 9			Y_7	0.066 9
		X_8	0.067 2		Y_B: 0.238 1	Y_8	0.056 9
		X_9	0.069 4			Y_9	0.064 8
		X_{10}	0.069 9			Y_{10}	0.055 9
	X_C: 0.236 6	X_{11}	0.057 0			Y_{11}	0.060 5
		X_{12}	0.084 4		Y_C: 0.261 5	Y_{12}	0.066 0
		X_{13}	0.053 1			Y_{13}	0.064 3
		X_{14}	0.042 1			Y_{14}	0.064 8
	X_D: 0.104 3	X_{15}	0.057 5			Y_{15}	0.001 2
		X_{16}	0.046 8			Y_{16}	0.065 2

表3.8　2008—2017年昆明市生态经济系统耦合协调发展等级及具体类型

年份	$f(X)$	$f(Y)$	T	C	D	耦合协调发展等级	具体类型
2008	0.175 2	0.330 7	0.057 9	0.819 8	0.455 4	轻度失调	$f(X)<f(Y)$，轻度失调衰退类经济滞后型
2009	0.250 9	0.434 9	0.109 1	0.861 1	0.543 4	勉强协调	$f(X)<f(Y)$，勉强协调过渡类经济滞后型
2010	0.344 4	0.484 5	0.166 9	0.943 7	0.625 4	初级协调	$f(X)<f(Y)$，初级协调发展类经济滞后型
2011	0.441 2	0.533 0	0.235 2	0.982 3	0.691 7	初级协调	$f(X)<f(Y)$，初级协调发展类经济滞后型
2012	0.377 7	0.573 3	0.216 5	0.917 2	0.660 4	初级协调	$f(X)<f(Y)$，勉强协调发展类经济滞后型
2013	0.537 4	0.494 3	0.265 6	0.996 5	0.717 0	中级协调	$f(X)>f(Y)$，初级协调发展类环境滞后型
2014	0.539 5	0.507 0	0.273 5	0.998 1	0.722 7	中级协调	$f(X)>f(Y)$，初级协调发展类环境滞后型

表3.8(续)

年份	$f(X)$	$f(Y)$	T	C	D	耦合协调发展等级	具体类型
2015	0.643 5	0.684 7	0.440 6	0.998 1	0.814 1	良好协调	$f(X)<f(Y)$，良好协调发展类经济滞后型
2016	0.720 8	0.623 2	0.449 2	0.989 5	0.815 4	良好协调	$f(X)>f(Y)$，良好协调发展类环境滞后型
2017	0.820 2	0.629 7	0.516 5	0.965 8	0.836 8	良好协调	$f(X)>f(Y)$，良好协调发展类环境滞后型

3.3.1 经济社会子系统和生态环境子系统的作用机制

本书通过对昆明市经济社会子系统与生态环境子系统进行皮尔森相关分析，发现二者呈高度正相关。这说明在昆明市可持续发展演进过程中，两大子系统相互作用、彼此制约。它们之间的高耦合协调发展度有助于推进绿色城市建设。

3.3.1.1 城市生态环境是经济社会发展的基础

城市是非农产业和非农从业人口的集聚地，城镇人口所需农产品须由腹地生态环境再提供。现代城市的生存和发展离不开生态环境的哺育，城市经济社会发展正是建立在资源禀赋和环境承载力之上的。生态环境为核心区域城市化提供了强大的支持。因此，良好的城市生态环境能够调节城市气候，美化城市人居环境，有利于城镇居民生活水平和身心健康水平的提升。同时，现代城市努力维持生态系统的平衡，为其可持续发展提供了支撑。

3.3.1.2 城市经济社会发展对生态环境的影响

首先，城市经济社会的快速发展，促使建成区用地迅速扩张，使耕地、水田等农用地逐渐转化为城市用地，使现代经济发展的基础资源日益短缺。其次，在城市经济社会发展的进程中，生产与生活用水需求量巨大，影响了当地水资源供需平衡，制约了生态产品用水与生态环境保育能力。最后，在城市经济社会发展进程中产生的“三废”，严重污染了水质与土壤资源，降低了生态环境质量，进而影响了人类健康。

3.3.2 昆明市生态经济系统耦合协调状态的综合评价

3.3.2.1 经济社会效益的综合评价

昆明市的经济社会效益指数从2008年的0.175 2上升至2017年的0.820 2，在整体上呈上升趋势（见图3.2），年均增长率为18.71%。这反映出10年间昆明市经济社会总体发展水平不断提高，作为云南省与滇中城市群首位城市所产生的辐射带动效应日趋显著。2008—2017年，昆明市的经济社会发展迅速，能够带动贵州、广西西部与邻国陆疆区域的发展。以2000年为基年进行可比价计算，昆明市地区生产总值以年均12.87%的速度增长。2017年，昆明市第三产业占地区生产总值的比重达到57.26%，人均地区生产总值以12.05%的年均增长率提高；

昆明市产业高级化率从 2008 年的 91.83%上升到 2017 年的 95.67%，其间虽有波动，但螺旋式上升是主流趋势；昆明市的 ESD① 从 2008 年的 15.30 上升到 2017 年的 23.12，呈现持续上升趋势，年均增长率达到了 4.69%，说明单位地区生产总值能耗下降的速度加快，能源消耗总量正在减少，经济总量的增长速度对能源的依赖度有所降低。以上分析反映出昆明市的产业结构演进渐趋合理，产业转型使一次能源消耗总量减少、工业污染减少、人居环境得到改善、经济社会发展水平快速提升。通过分析，我们能够发现昆明市经济社会发展水平的提高与以旅游、医药、新能源、新材料为主的重点优势产业的快速发展是分不开的，它们既节能环保又增加了经济社会效益。昆明市人口城市化率快速提高，10 年来，城镇居民人均可支配收入的年均增长率为 11.88%，农村居民人均纯收入的年均增长率为 12.86% 。人口素质提高，人才总量扩大，医疗事业不断进步，每万人拥有科技人员数量从 2008 年的 5.145 1 人增加到 2017 年的 6.818 5 人、每万人拥有医生数量从 2008 年的 26.767 1 人增加到 2017 年的 40.272 7 人。固定资产投资对人均地区生产总值增长的推动作用不断增强。正是在诸要素投入的基础上，昆明市才建立起稳定、持续发展的国民经济体系，并形成了较为发达的生态农业与具有相当规模的工业。但这种经济增长建立在对资源粗放型利用的基础上，结构性浪费严重，对资源的消耗很大。总而言之，昆明市经济社会效益指数的持续提高是自身优势发挥与国家宏观战略引导共同作用的结果。

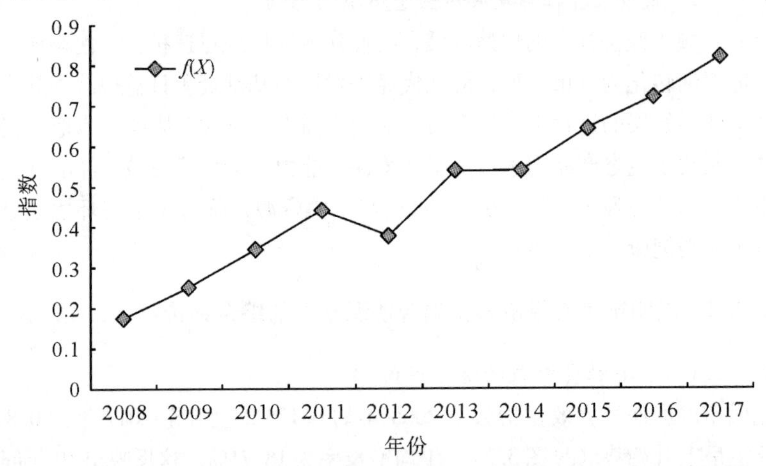

图 3.2　2008—2017 年昆明市经济社会效益指数

---

① 产业结构演进系数的计算方法如下：ESD=(P+S+T)/P。式中，ESD 为产业结构演进系数；P、S、T 分别为研究区第一、第二、第三产业的产值。

3.3.2.2　生态环境效益的综合评价

2008—2017年，昆明市的生态环境效益指数呈现出波动上升的趋势（见图3.3），年均增长率长6.49%。这说明昆明市资源环境支撑经济社会发展的能力不断增强，生态环境保育效益不断提升。昆明市森林覆盖率、建成区绿化覆盖率与人均公用绿地面积逐年提高：森林覆盖率从2008年的45.05%增长到2017年的49.14%、建成区绿化覆盖率从2008年的34.66%增长到2017年的41.31%、人均公用绿地面积从2008年的7.34 m^2增长到2017年的11.5 m^2。这些积极的措施不仅减轻了昆明市区的噪声污染，而且也有效缓解了城区的热岛效应。2008—2017年，昆明市旅游资源丰度指数稳中有升，这有利于增强昆明城市生态系统的独立性、稳定性，提高生态调节能力，健全城市这种典型的"社会-经济-自然"复合生态系统、改善气候、优化环境质量，从而有益于人体健康。但是，昆明市人均水资源拥有量波动较大，且呈现降低趋势。特别是2008—2012年的持续干旱，已经成为制约昆明市及"滇中经济区"其他城市发展的瓶颈。松华坝与云龙水库水质污染严重，断面水质大于V类，属于重度污染（云南环境科学研究院，2009）。作为全国严重缺水的城市之一，昆明市人均水资源占有量仅相当于云南省人均水资源占有量的九分之一、全国的八分之一、全球的三十一分之一（杜仲莹，2019）。面对资源与环境的困境，近年来，昆明市加大新能源开发的力度、重视环境保护，实现了空气综合污染指数与城区噪声均值持续下降、废弃物的综合利用率与无害化处理率的不断提高，使全市的生态环境实现了综合效益最大化。

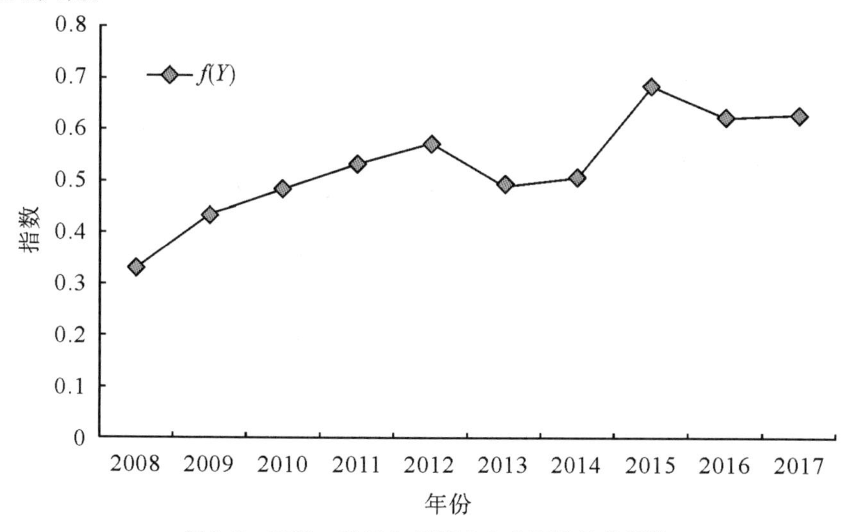

图3.3　2008—2017年昆明市生态环境效益指数

但是，生态系统脆弱、干旱脆弱性等级持续提升制约了昆明市的发展。从2013年开始，昆明市生态经济系统耦合协调演进的具体类型，已由经济滞后型转变为环境滞后型。因此，昆明市的生态环境总体处于良性发展状态，但面临严重的干旱问题。

3.3.2.3　生态环境和经济社会综合效益的评价

生态环境和经济社会综合效益的评价指数，反映了生态环境与社会经济效益的整体水平，并影响着城市生态经济系统耦合协调演进状态。2008年以来，昆明市的生态经济系统综合效益的评价指数呈现微幅波动变化的趋势，但主流演替轨迹是平稳上升（见图3.4）。这表明自从国家实施西部大开发战略以来，昆明市的经济社会快速发展，人民生活水平不断提高。毋庸置疑，“桥头堡”建设在一定时期内，会提高昆明市生态环境和经济社会综合效益，但日益脆弱的生态环境基础决定了昆明市必须在考虑综合效益之后实施中长期调控策略。从生态环境和经济社会综合效益对生态经济系统协调运行的贡献率考虑，在2012年以前主要是资源环境要素占优势，此后逐渐让渡于经济社会发展要素。这种变化反映出，昆明市将逐渐结束以消耗自然资源为代价促进经济社会快速发展的模式，其产业结构演进趋于合理。一般来说，自然资源禀赋较好的区域的经济社会的发展是以消耗本区资源为代价的。结合表3.8和图3.4可知，2017年，昆明市已经转入经济社会运行占绝对优势的阶段。在基础要素运行的平台上，昆明市的驱动型要素与管理型要素整合水平较高，它们对昆明市的生态经济系统的发展起着控制与调节作用。

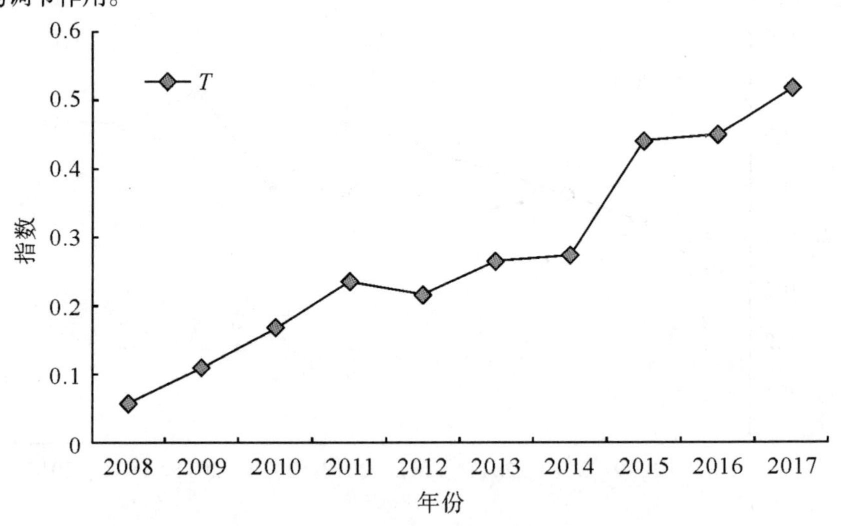

图3.4　2008—2017年昆明市生态经济系统综合效益指数

3.3.3 昆明市生态经济系统耦合协调演进状态的评价

由表 3.8 可知，昆明市耦合协调发展度从 2008 年的 0.455 4 上升至 2017 年的 0.836 8，整体呈现较快增长趋势，年均增长率为 6.99%，昆明市生态经济系统在 2008—2017 年经历了“轻度失调—勉强协调—初级协调—中级协调—良好协调”五个阶段，说明其耦合协调状态演进的轨迹呈现上升趋势（见图 3.5），其耦合协调发展水平总体处于良性演进状态。2008—2017 年，昆明市生态经济系统耦合协调发展以协调为主。其原因主要是昆明以举办世界园艺博览会为契机改善生态环境质量，从而使在这一方面的指标优于西部及北方内陆省会城市。昆明市经济发展水平在我国西部位于前列（见表 3.9），在全国处于中等水平（见表 3.10）。但在 2012 年，昆明市生态经济系统的耦合协调发展度略有下降，主要是由于其经济处于转型时期。在西部大开发战略的支持下，昆明市大力发展经济，但没有发挥好生态环境效益，致使生态经济系统失衡。2012 年以后，昆明市生态经济系统的耦合协调发展度的数值逐渐变大。这说明 2012 年以后，昆明市在逐渐完成经济转型与制度改革的同时，注重了生态环境和经济社会两大系统的协同、高耦合发展。

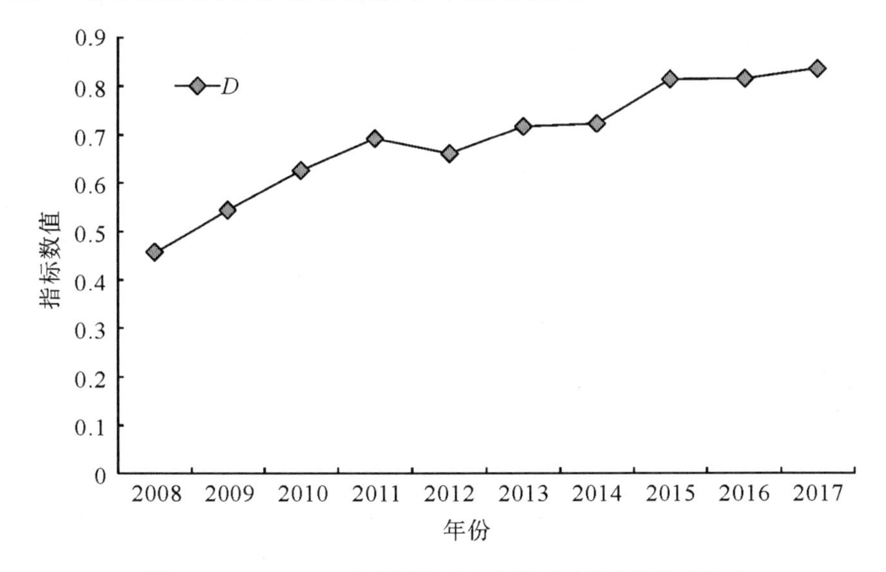

图 3.5 2008—2017 年昆明市生态经济系统耦合协调发展度

表 3.9　西部省会城市生产总值西部排名比较

城市	2008 年	2010 年	2012 年	2014 年	2015 年	2016 年	2017 年
昆明	3	3	3	3	3	3	3
成都	1	1	1	1	1	1	1
贵阳	8	7	7	6	6	6	5
南宁	5	5	4	4	4	4	4
西安	2	2	2	2	2	2	2
兰州	7	8	8	8	8	8	8
乌鲁木齐	6	6	6	7	7	7	6
呼和浩特	4	4	5	5	5	5	7
银川	9	9	9	9	9	9	9
西宁	10	10	10	10	10	10	10
拉萨	11	11	11	11	11	11	11

资料来源：2009—2018 年昆明统计年鉴。

表 3.10　西部省会城市生产总值全国排名比较

城市	2008 年	2010 年	2012 年	2014 年	2015 年	2016 年	2017 年
昆明	17	17	16	16	17	17	17
成都	4	3	2	3	3	2	2
贵阳	23	22	22	22	20	20	19
南宁	20	19	18	18	18	18	18
西安	14	13	12	10	10	10	8
兰州	22	23	23	23	23	23	23
乌鲁木齐	21	21	21	21	22	22	21
呼和浩特	19	18	19	19	19	19	22
银川	24	24	24	24	24	24	24
西宁	26	25	25	25	26	26	26
拉萨	27	27	27	27	27	27	27

资料来源：2009—2018 年昆明统计年鉴。

2017 年，昆明市生态经济系统的耦合协调发展度为 0.836 8，已经达到了良好协调发展的水平。笔者以昆明市 2008—2017 年的人均地区生产总值为横轴，以昆明市 2008—2017 年的生态经济系统的耦合协调发展度为纵轴制作二者之间的关系图（见图 3.6）。如图 3.6 可知，随着人均地区生产总值的提高，昆明市生态经济系统的耦合协调发展度表现出先下降后上升的二次曲线特征。

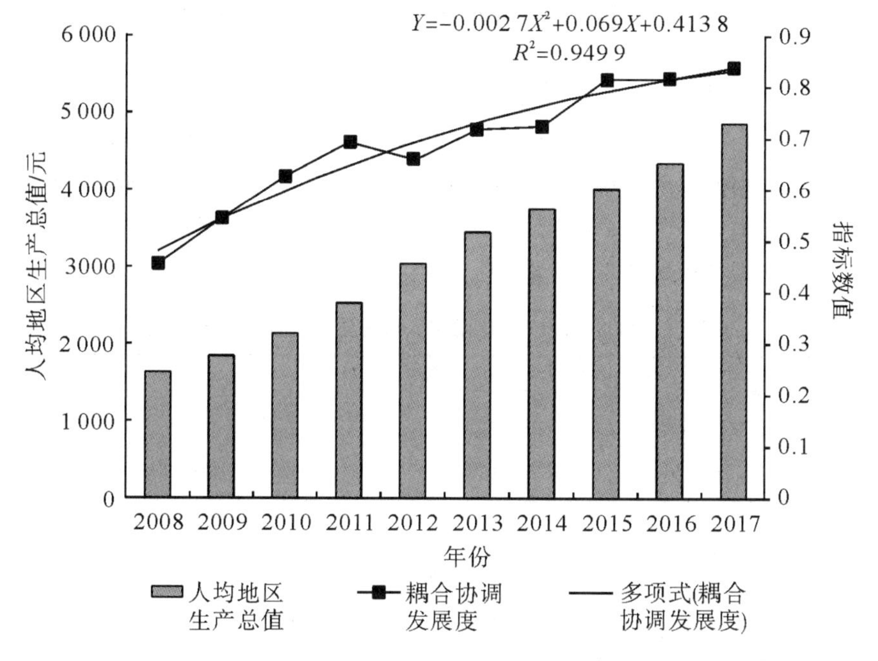

图 3.6 2008—2017 年昆明市生态经济系统的耦合协调发展度与人均地区生产总值的关系

2008—2017 年，尽管昆明市生态经济系统耦合协调发展度呈现出较快增长的趋势，却未达到优质协调的目标。特别是 2013 年以来，昆明市 $f(X)>f(Y)$，这意味着生态环境效益对于昆明市可持续发展的贡献率已经小于经济社会效益。这说明了昆明市生态经济系统耦合协调发展的主要矛盾即经济社会快速增长的需求同日益薄弱的生态环境基础之间的矛盾。可见，昆明市生态经济系统耦合协调发展的主流是符合城市可持续发展的目标的，但与理想的协调发展目标和更优质的人居环境仍有差距。

3.3.4 昆明市人口总量和人均农用地面积的动态预测及评价

由于耦合协调发展度 $D \leqslant 1$，笔者运用灰色预测模型来预测 $D>1$ 的情况。此外，昆明市生态经济系统耦合协调发展度数列不符合光滑性标准和准指数规律。人口数量和农用地面积作为生态经济系统的重要组成部分，它们之间的矛盾能对昆明的可持续发展产生重要的抑制或胁迫作用。对它们进行预测对为昆明市生态经济系统的耦合协调发展提供建议有一定的借鉴价值。因此，为了对后续数年昆明市生态经济系统耦合协调发展度的演进态势进行预测，笔者采取科学的调试策略，对 2018—2022 年昆明市人口总量和人均农用地面积数量进行预测。

2008—2017 年昆明市人口总量和人均农用地面积如表 3.11 所示。笔者根据表 3.11 中的数据对昆明市 2018—2022 年的人口总量和人均农用地面积分别进行预测。根据本研究建立的预测模型，表 3.11 中的数据可分别生成人口、农用地原始数列 $X^{(0)}$ 与一阶累加生成数列 $X^{(1)}$。然后，笔者分别对这两组数列的光滑性和准指数规律进行检验。

表 3.11　2008—2017 年昆明市人口总量和人均农用地面积

年份	2008	2009	2010	2011	2012	2013	2014	2015	2016	2017
人口总量/万人	623.90	628.00	643.92	648.64	653.30	657.90	662.60	667.70	672.80	678.30
人均农用地面积/hm^2	0.394 7	0.392 1	0.382 4	0.253 1	0.251 3	0.249 5	0.244 5	0.242 3	0.234 0	0.237 7

资料来源：2009—2018 年昆明统计年鉴。

第一步，对人口总量原始数据进行处理。

$X^{(0)}$ =（623.90，628.00，643.92，648.64，653.30，657.90，662.60，667.70，672.80，678.30）

$X^{(1)}$=（623.90，1 251.90，1 895.82，2 544.46，3 197.76，3 855.66，4 518.26，5 185.96，5 858.76，6 537.06）

第二步，对 $X^{(0)}$ 进行光滑性检验。

$p(k)=X^{(0)}(k)/X^{(1)}(k-1)$，$k=3, 4, \cdots, 10$

$p(k)$=（0.499 4，0.342 1，0.256 8，0.205 7，0.171 9，0.147 8，0.129 7，0.115 8）

第三步，检验 $X^{(0)}$ 是否符合准指数规律。

$б^{(1)}(k)=X^{(1)}(k)/X^{(1)}(k-1)$，$k=3, 4, \cdots, 10$

$б^{(1)}(k)$=（1.514 8，1.342 3，1.256 9，1.205 8，1.171 9，1.147 8，1.129 8，1.115 8）

由此可得到 $б^{(1)}(k) \in [1, 1+б]$，$б=0.5$，满足准指数规律；$k>3$ 且 $p(k)<0.5$ 满足光滑性标准。综上所述，笔者可对人口总量 $X^{(1)}$ 建立 GM（1，1）模型。

第四步，笔者用相同步骤对人均农用地面积的原始数据进行处理，并对其进行光滑性和准指数规律检验：

$X^{(0)}$=（0.394 7，0.392 1，0.382 4，0.253 1，0.251 3，0.249 5，0.244 5，

0.242 3, 0.234 0, 0.237 7)

$X^{(1)}$ = (0.394 7, 0.786 8, 1.169 3, 1.422 4, 1.673 7, 1.923 2, 2.167 7, 2.410 0, 2.650 0, 2.887 7)

p (k) = (0.462 1, 0.310 0, 0.193 8, 0.159 7, 0.117 6, 0.102 4, 0.087 8, 0.080 9)

$6^{(1)}(k)$ = (0.486 0, 0.216 5, 0.176 7, 0.149 1, 0.127 1, 0.111 8, 0.099 6, 0.089 7)

由此可得到 $k>3$ 且 $p(k)<0.5$，满足光滑性条件；$6^{(1)}(k) \in [1,\ 1+6]$，$6=0.5$，满足准指数规律。综上所述，笔者可对人均农用地面积 $X^{(1)}$ 建立 GM（1，1）模型。

第五步，对人口总量和人均农用地面积进行预测并对模型进行检验。

笔者利用 GM（1，1）模型，根据式（3.13）和式（3.14）得到以下预测模型：

$$\widehat{X}^{(1)}(k+1)_{人口} = 37\ 422.617\ 5e^{0.041\ 6(k-1)} - 36\ 932.667\ 5$$

$$\widehat{X}^{(1)}(k+1)_{农用地} = -0.830\ 5e^{-0.045\ 9(k-1)} + 0.861\ 4$$

还原后，笔者可得到人口数量模拟值序列（见表 3.12），根据式（3.11）和式（3.12），笔者利用 2008—2017 年的原始数据对预测值进行误差检验：

$\phi(i)_{人口}$ = (0, 0.020 9, 0.037 4, 0.035 5, 0.013 5, 0.002 3, 0.002 4, 0.000 5, 0.001 8, 0.002 6)

$\phi(i)_{农用地}$ = (0, 0.001 8, 0.001 6, 0.005 9, 0.011 5, 0.005 6, 0.002 5, 0.001 7, 0.004 6, 0.003 8)

表 3.12　昆明市人口总量和人均农用地面积的预测值

年份	2008	2009	2010	2011	2012	2013	2014	2015	2016	2017	2018	2019	2020	2021	2022
人口总量/万人	623.900 0	614.884 4	619.847 0	625.634 5	644.472 6	656.386 3	664.159 5	668.005 2	671.585 0	676.561 2	681.745 6	687.847 8	694.901 6	702.941 4	709.330 5
人均农用地面积/hm^2	0.394 7	0.392 8	0.383 0	0.254 60	0.248 4	0.248 1	0.243 9	0.242 7	0.241 1	0.238 6	0.236 5	0.234 3	0.213 6	0.202 6	0.183 9

笔者通过模型检验可得到：发展灰数为 $-a<0.3$；人口总量的预测数据与原始数据的相对误差均小于 0.05，平均误差是 0.011 1；人均农用地面积的预测数据与原始数据的相对误差均小于 0.05，平均误差是 0.002 9。这说明了指标值均达到二级水平，等级精度为良（刘学敏，2008；刘兴国，2011）。因此，人口总量和人均农用地面积的模拟方程属于良好模型，其预测结果的精度较高，具有一定的参考价值。此预测模型可用于对 2018—2022 年昆明市生态经

济系统的相关数值进行预测，得到的结果有意义。

由表 3. 12 可知，笔者所预测的 2018—2022 年昆明市的总人口呈现出增长加快的趋势，年均增长率为 1%；人均农用地面积年均递减率为 6. 49%。按照城市人地关系协调发展遵循抛物线（开口朝下）型的规律，昆明市的低人口增长速度与农用地面积的较快减少，将成为制约昆明市生态经济系统耦合协调发展的重要因素。尽管昆明市生态经济系统耦合协调发展处于上升阶段，但笔者可以推断今后昆明市生态经济系统的耦合协调发展将受到严重的威胁。要使生态环境和经济社会耦合协调发展度达到优质协调等级，在加快“桥头堡”建设的同时，昆明市应采用科学的调控策略。

3.4 本章小结

本章，笔者分析了城市生态环境因素对人地关系地域系统运行的作用的基础上，优化了评价指标体系，运用生态环境和经济社会发展函数构建了生态经济系统耦合协调发展度模型，对昆明市生态经济系统耦合协调演进状态的等级和类型进行定量评价，并从生态环境和经济社会两个方面提出了相应的调适策略。本章研究结果表明：昆明市生态经济系统耦合协调演进经历了“轻度失调—勉强协调—初级协调—中级协调—良好协调”五个阶段。截至 2017 年年底，昆明市生态经济系统属于良好协调发展类环境滞后型。昆明市生态经济系统协调发展的主要矛盾为经济社会的快速发展的需求同日益薄弱的生态环境基础的矛盾。2008 年以来，昆明市经济社会获得快速发展，人地关系矛盾随着生态经济系统的更高层次的耦合协调而得以缓解。

第 4 章　西南地区省会城市与直辖市生态经济系统耦合协调发展互动分析

4.1　成都市生态经济系统耦合协调发展评价

4.1.1　成都市市情

4.1.1.1　概况

成都市位于中国西南地区、四川省中部、成都平原腹地，地跨东经 102°54′~104°53′、北纬 30°05 ′~31°26′。截至 2017 年年底，成都市下辖 11 个区、5 个县级市、4 个县。2017 年，成都市土地面积为 14 335 km^2。成都市属于中亚热带湿润季风气候，全年温暖湿润，年均温度为 16.5 ℃~18 ℃，日平均气温大于等于 10 ℃的持续期有 240~280 天，积温在 4 000 ℃~6 000 ℃，气温日差较小，夏无酷暑，冬少冰雪，夏长冬短，无霜期长，云雾多。成都全年日照时间短，仅为 1 000~1 400 h，雨量充沛。成都市区位优越、自然资源丰富、农耕历史悠久、农业与工业基础良好，形成了点、线、面的旅游网络，其观光旅游、文化旅游和休闲美食旅游取得了较好的经济、社会与生态效益。截至 2017 年年底，成都市户籍总人口为 1 435.33 万人，其中城镇人口 811.56 万人，乡村人口 623.77 万人。2017 年，成都市地区生产总值为 13 889.39 亿元，按可比价计算，较 2016 年增长了 8.1%（见图 4.1）。其中，第三产业的地区生产总值为 7 390.54 亿元，占地区生产总值的 53.21%，按可比价计算，比 2016 年增长了 14.14%。

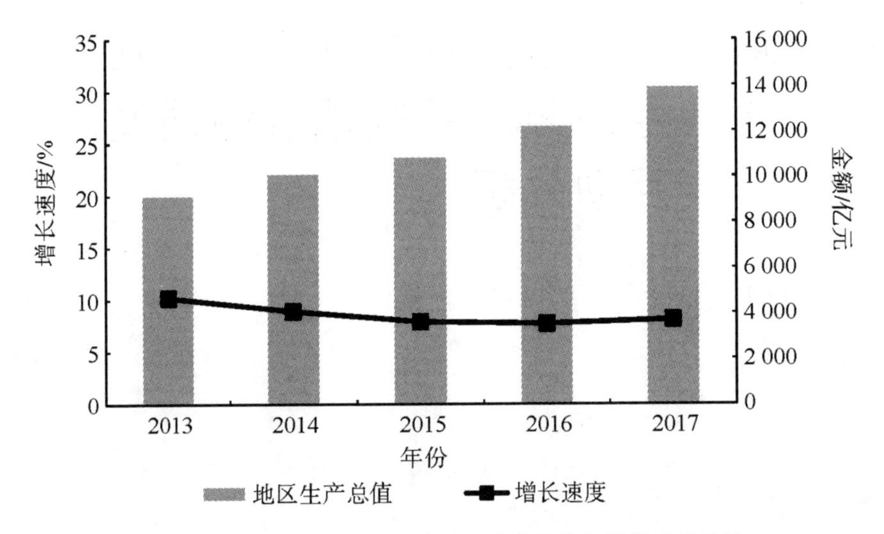

图 4.1　2013—2017 年成都市地区生产总值与增长速度统计

4.1.1.2　城市的形成和发展

成都，简称“蓉”，位于四川盆地西部、成都平原的中央，是四川省省会，四川省的政治、经济、文化、交通中心。早在 3 000 多年前，成都就为蜀国古都。

公元前 315 年，秦并巴蜀，改蜀国为蜀郡。秦代蜀郡守李冰带领群众修建都江堰，使成都平原形成自流灌溉网，促进了农业生产的迅速发展。于是，成都平原有“天府”之称。数千年来，成都一直是西南地区的军事重镇和政治、经济中心。但是，自近代以来，尤其是中华人民共和国成立前的几十年间，成都现代工业不仅没有得到发展，而且以织锦和银丝工艺著称的手工业也遭到极大摧残，处于奄奄一息的境地。中华人民共和国成立后，成都市发展迅速，成为西南地区初具规模的社会主义工业城市和陆路交通的重要枢纽。

成都市是我国西部重要的工业城市之一，成都工业几乎是中华人民共和国成立后发展起来的，现在的工业产值比中华人民共和国成立前增长了 80 多倍。现在，成都市已成为轻重工业均较发达的工业中心。其中，机械制造、量具刃具、无缝钢管、无线电器材、电子仪表、化肥、化纤、纺织、木材加工、食品等规模较大，有的在西南地区乃至全国占有重要地位。近年来，轻化工、家用电器设备、电子、纺织、缝纫、皮革、食品等轻工业部门发展迅速，在满足人民生活需要方面做出了积极贡献，同时也促进了成都市整体工业的更快发展。

成都市是四川省重要的交通枢纽与科学研究、教育文化中心。成渝、宝成、成昆三条铁路在此交汇，公路四通八达，航空运输发展迅速。成都市有中国科学院成都分院和中国社会科学院四川分院所属的 10 多个研究所，还有四川大学、电子科技大学、西南交通大学等多所高等院校。

近年来，随着成都市经济社会的快速发展、城镇化进程的加快，成都市生态系统保护和经济社会发展之间的矛盾日益加剧，如农田生态系统的面积一直在减少，且减少的速度加快，聚落生态系统的增加速度一直维持在较高的水平，且增加的速度仍在提高（王会豪，2016）。何黎（2018）认为成都市四面环山的地形使城内的空气对流颇为不畅；伴随城市经济快速发展，成都市生态环境问题也日益突出。张鹏飞（2018）认为 2015 年成都市出现生态赤字，且人均生态赤字达到 0.617 hm^2，这表明成都市处于不可持续发展的状态。因此，促进成都市生态环境和经济社会耦合协调发展，已成为亟待解决的问题。

4.1.2 研究方法

本节以促进成都市生态经济系统耦合协调发展为切入点，对研究区 2008—2017 年生态经济系统耦合协调演进状态及变化规律进行探讨，旨在为成都市建设生态城区、发展生态旅游，增强区域核心竞争力及实现生态环境和经济社会的耦合协调发展提供参考。为了能够客观评价生态经济系统演进状态，本节运用耦合协调发展度模型对成都市生态环境和经济社会可持续性做定量评价。

4.1.2.1 指标体系的构建及数据来源

基于耦合协调发展度模型的特点，本节依据评价指标的代表性、可比性、客观性与层次性原则，借鉴已有指标体系研究成果（张志强 等，2010；徐中民 等，2016；刘子刚 等，2011；李营刚 等，2009），采用理论分析法确定评价指标，用生态环境系统和经济社会系统的发展能力来展现成都市生态经济系统的持续发展状态。考虑到成都市的资源、环境、经济、社会等状况，笔者在选择针对性强、使用频率较高指标的基础上，突出了表征城市环境现状的大气质量、水环境、声环境等因素及旅游资源丰度指数、产业结构演进系数等指标对生态经济系统运行的作用。鉴于数据的连续性、可获得性，笔者选取 32 项既相互联系又有区别的分指标构建多层次评价体系（见表 4.1），力求能够全面、准确地表现成都市 2008—2017 年生态经济系统耦合协调演进状态。

本节所用数据来源于 2009—2018 年成都统计年鉴，2009—2018 年中国城市统计年鉴、2008—2017 年成都市水资源公报，2008—2017 年成都市环境状况公报，2008—2017 年成都市国民经济和社会发展统计公报，国家 A 级旅游景区名录，成都市文化旅游广电局、成都市统计局、成都市生态环境局、成都市自然资源局及四川省文化和旅游厅网站的统计数据。具体数据资料见附表4到附表6。成都市经济社会系统和生态环境系统评价指标体系数据标准化处理结果分别见表4.2、表4.3。

表4.1　成都市生态经济系统评价指标体系

系统	功能团	具体指标	单位	系统	功能团	具体指标	单位
X：经济社会系统	X_A：经济发展水平	X_1：经济密度	元/km^2	Y：生态环境系统	Y_A：生态环境发展水平	Y_1：人均水资源拥有量	m^3
		X_2：人均固定资产投资	元			Y_2：平均气温	℃
		X_3：产业结构高级化率	%			Y_3：平均相对湿度	%
		X_4：人均地方财政收入对人均地区生产总值的弹性系数	—			Y_4：森林覆盖率	%
		X_5：第三产业占地区生产总值的比重	%			Y_5：旅游资源丰度	—
		X_6：人均工业总产值	元			Y_6：单位面积粮食产量	hm^2
	X_B：城市人口发展能力	X_7：非农产业从业人口所占比重	%			Y_7：人均公用绿地面积	m^2
		X_8：人口自然增长率	%		Y_B：生态环境压力	Y_8：人均工业废水排放量	t
		X_9：大学生所占比重	%			Y_9：人均工业固体废物产生量	t
		X_{10}：科技人员所占比重	%			Y_{10}：人均工业废气排放量	m^3
	X_C：城市社会发展水平	X_{11}：人均住房面积	m^2			Y_{11}：噪声平均值	dB
		X_{12}：每万人拥有医生数量	人		Y_C：生态环境响应	Y_{12}：空气质量优良率	%
		X_{13}：人均道路面积	m^2			Y_{13}：工业固体废物综合利用率	%
		X_{14}：百户拥有移动电话数	部			Y_{14}：生活垃圾处理率	%
	X_D：空间城市化	X_{15}：建成区面积所占比重	%			Y_{15}：造林总面积	hm^2
		X_{16}：城市人口密度	人/km^2			Y_{16}：建成区绿化覆盖率	%

表 4.2　2008—2017 年成都市经济社会系统评价指标体系数据标准化处理结果

系统	功能团	具体指标代码	年份				
			2008	2009	2010	2011	2012
X	X_A	X_1	0	0.077 5	0.212 6	0.392 3	0.545 3
		X_2	0	0.217 6	0.192 1	0.342 9	0.513 2
		X_3	0	0.223 4	0.476 2	0.609 0	0.743 8
		X_4	−0.107 3	−0.422 1	1	−0.322 7	−0.157 5
		X_5	0	0.059 4	0.204 5	0.175 8	0.024 9
		X_6	0	0.069 0	0.207 7	0.328 5	0.508 2
	X_B	X_7	0	0.253 3	0.476 8	0.653 8	0.744 5
		X_8	0.8	0.472 7	0	0.836 4	0.036 4
		X_9	0.104 7	0.242 0	0	0.267 8	0.579 0
		X_{10}	0.076 2	0	0.072 1	0.913 9	0.947 2
	X_C	X_{11}	0	0.490 2	0.490 2	0.604 9	0.768 9
		X_{12}	0	0.108 1	0.432 5	0.145 1	0.345 0
		X_{13}	0	0.782 5	0.763 2	0.778 9	1
		X_{14}	0	0.313 2	0.669 2	0.595 0	0.642 8
	X_D	X_{15}	0	0.110 0	0.197 9	0.344 2	0.519 0
		X_{16}	0	−0.070 2	−0.790 9	−0.799 5	−0.848 0
系统	功能团	具体指标代码	年份				
			2013	2014	2015	2016	2017
X	X_A	X_1	0.670 2	0.792 2	0.888 1	0.814 0	1
		X_2	0.625 3	0.637 2	0.691 9	0.828 4	1
		X_3	0.868 48	0.970 19	1	0.860 5	0.952 8
		X_4	−0.716 1	−0.446 6	0	−0.120 2	−0.777 3
		X_5	0.215 3	0.565 7	0.864 9	1	0.963 6
		X_6	0.614 9	0.725 0	0.779 4	0.904 6	1
	X_B	X_7	0.867 3	0.899 3	0.910 4	0.941 4	1
		X_8	0.509 1	0.872 7	1	0.927 3	0.145 5
		X_9	0.673 4	0.867 2	1	0.759 2	0.919 2
		X_{10}	1	0.918 2	0.864 4	0.406 3	0.439 3
	X_C	X_{11}	0.665 6	0.591 8	0.955 7	1	0.773 8
		X_{12}	0.546 2	0.696 6	0.786 5	0.797 5	1
		X_{13}	0.850 9	0.743 9	0.715 8	0.587 7	0.617 5
		X_{14}	0.626 4	0.766 0	0.867 9	0.964 8	1
	X_D	X_{15}	0.590 8	1	0.991 2	0.381 7	0.533 6
		X_{16}	−0.839 9	−0.894 2	1	−0.459 3	−0.508 3

表 4. 3　2008—2017 年成都市生态环境系统评价指标体系数据标准化处理结果

系统	功能团	具体指标代码	年份				
			2008	2009	2010	2011	2012
Y	Y_A	Y_1	0. 920 6	0. 396 8	0. 682 5	0. 680 6	0. 269 8
		Y_2	0. 400 0	0. 900 0	0. 100 0	0	0
		Y_3	0. 125 0	0	0. 625 0	0	0. 500 0
		Y_4	0	0. 314 0	0. 488 4	0. 581 4	0. 660 5
		Y_5	0	0. 031 6	0. 138 3	0. 288 8	0. 351 9
		Y_6	0. 476 2	0. 705 1	0. 740 1	0. 879 0	0. 695 5
		Y_7	0	0. 438 9	0. 567 4	0. 642 6	0. 708 5
	Y_B	Y_8	−0. 833 0	−1	−0. 422 7	−0. 090 0	−0. 068 7
		Y_9	1	−0. 751 6	−0. 646 3	−0. 166 1	−0. 203 8
		Y_{10}	−0. 863 5	−0. 866 2	1	−0. 294 3	−0. 322 6
		Y_{11}	0	−0. 769 2	−0. 769 2	−0. 384 6	−0. 615 4
	Y_C	Y_{12}	0. 973 1	0. 936 1	0. 946 2	1	0. 727 5
		Y_{13}	0. 917 8	0	1	0. 949 2	0. 942 3
		Y_{14}	0. 786 8	0	1	1	1
		Y_{15}	0. 815 7	0. 769 5	0. 145 2	0. 775 2	0
		Y_{16}	0. 490 8	0. 524 4	0. 630 3	0. 586 6	0. 621 8

系统	功能团	具体指标代码	年份				
			2013	2014	2015	2016	2017
Y	Y_A	Y_1	1	0. 250 0	0	0. 103 2	0. 081 3
		Y_2	1	0. 100 0	0. 900 0	0. 900 0	0. 700 0
		Y_3	0. 375 0	1. 000 0	0. 875 0	1	0. 875 0
		Y_4	0. 718 6	0. 781 4	0. 837 2	0. 907 0	1. 000 0
		Y_5	0. 453 9	0. 580 1	0. 604 4	0. 844 7	1. 000 0
		Y_6	0. 707 2	0. 839 8	1	0	0. 169 1
		Y_7	0. 639 5	0. 742 9	1	0. 887 1	0. 708 5
	Y_B	Y_8	−0. 044 5	−0. 035 0	−0. 057 9	−0. 017 7	0
		Y_9	−0. 169 6	−0. 118 9	−0. 023 2	−0. 022 5	0
		Y_{10}	−0. 335 5	−0. 183 2	0	−0. 090 1	−0. 502 2
		Y_{11}	−1	−0. 846 2	−0. 846 2	−0. 769 2	−0. 923 1
	Y_C	Y_{12}	0. 078 4	0. 088 5	0. 005 4	0	0. 198 8
		Y_{13}	0. 964 2	0. 866 4	0. 779 8	0. 527 0	0. 781 7
		Y_{14}	1	1	1	0. 047 6	0. 938 9
		Y_{15}	0. 247 1	0. 164 6	0. 450 2	0. 953 2	1
		Y_{16}	0. 754 6	0	0. 699 2	0. 959 7	1

4.1.2.2 指标权重的确定

为避免权重确定的主观因素影响，本节使用改进的熵值法确定权重。确定指标权重的具体程序如下：

（1）为了使数据的量纲一致，笔者利用极差法对确定的32项指标值进行标准化处理。基本公式为

$$X_{ij}^{'} = \frac{X_{ij} - \min\{X_j\}}{\max\{X_j\} - \min\{X_j\}} \tag{4.1}$$

$$X_{ij}^{'} = \frac{\max\{X_j\} - X_{ij}}{\max\{X_j\} - \min\{X_j\}} \tag{4.2}$$

式（4.1）为正向指标计算方法，式（4.2）为负向指标计算方法。X_{ij}代表第i年份第j项评价指标的数值，$\max\{X_j\}$ 与 $\min\{X_j\}$分别代表j项评价指标的最大值与最小值，$X_{ij}^{'}$代表指标标准化以后的值。

（2）根据成都市生态经济系统的特征，笔者把所收集的数据按照式（4.1）和式（4.2）处理后，利用改进的熵值法计算成都市生态经济系统各指标的权重。方法如下：

$$Y_{ij} = Z_{ij} / \sum_{i=1}^{m} Z_{ij} \tag{4.3}$$

$$e_j = -k \times \sum_{i=1}^{m} (Y_{ij} \times \ln Y_{ij}),\ 0 \leqslant e_j \leqslant 1 \tag{4.4}$$

$$w_j = (1 - e_j) / \sum_{i=1}^{n} (1 - e_j) \tag{4.5}$$

在上式中，Z_{ij} 为 $X_{ij}^{'}$ 平移坐标后的新标准化值。一般地，$X_{ij}^{'}$ 的范围在-5到5之间，为消除负数出现，所以平移坐标。Y_{ij}表示i年份j项指标的比重，e_j表示i项指标的信息熵；w_i表示i项指标的权重；$1-e_j$代表冗余度；m代表评价年数；n代表指标个数；为了保证信息熵为正值，令$k=1/\ln m$。笔者运用以上公式对指标数据进行处理与计算，得到32项指标的权重值（见表4.4）。

表 4.4　成都市生态经济系统耦合协调测度指标权重

系统	功能团权重	具体指标代码	权重	系统	功能团权重	具体指标代码	权重
X	X_A 0.395 8	X_1	0.076 5	Y	Y_A 0.504 4	Y_1	0.057 5
		X_2	0.079 8			Y_2	0.158 7
		X_3	0.034 5			Y_3	0.061 9
		X_4	0.075 8			Y_4	0.062 2
		X_5	0.052 9			Y_5	0.031 0
		X_6	0.076 3			Y_6	0.062 2
	X_B 0.263 4	X_7	0.056 9			Y_7	0.066 9
		X_8	0.067 2		Y_B 0.238 1	Y_8	0.056 9
		X_9	0.069 4			Y_9	0.064 8
		X_{10}	0.069 9			Y_{10}	0.055 9
	X_C 0.236 6	X_{11}	0.057 0			Y_{11}	0.060 5
		X_{12}	0.084 4		Y_C 0.261 5	Y_{12}	0.066 0
		X_{13}	0.053 1			Y_{13}	0.064 3
		X_{14}	0.042 1			Y_{14}	0.064 8
	X_D 0.104 3	X_{15}	0.057 5			Y_{15}	0.001 2
		X_{16}	0.046 8			Y_{16}	0.065 2

4.1.2.3　建立耦合协调发展度模型

根据度量要素之间协调状况的定量指标，笔者令 X_1，X_2，X_3，…，X_{16} 为描述生态环境效益的指标，令 Y_1，Y_2，Y_3，…，Y_{16} 为描述经济社会效益的指标。函数关系式为

$$f(X)=\sum_{i=1}^{n} w_i X_i' \tag{4.6}$$

$$f(Y)=\sum_{j=1}^{n} w_j Y_j' \tag{4.7}$$

上式中，$f(X)$ 代表生态环境效益，$f(Y)$ 代表经济社会效益，w_i 与 w_j 分别代表生态环境与经济社会各指标的权重，X_i' 与 Y_j' 分别代表生态环境系统与经济社会系统各指标标准化后的数值。

在本节，耦合协调发展度用 D 表示：

$$D=\sqrt{[af(X)+bf(Y)]\cdot\left\{\frac{f(X)\cdot f(Y)}{\left[\frac{f(X)+f(Y)}{2}\right]^{2}}\right\}^{k}} \tag{4.8}$$

在式（4.8）中，$af(X)+bf(Y)$ 代表生态环境与经济社会综合效益指数，通常用 T 表示；a 和 b 为待定系数，考虑到生态环境与经济社会发展对城市和谐的贡献率是等同的，所以将它们均设定为50%；k 为调节系数，由于评价体系指标分为两大类，故计算时设定 $k=2$。为了使耦合协调发展系数能对应定性标准，在借鉴现有研究成果的基础上，本节设定的成都市生态经济系统耦合协调发展水平的度量标准如表 4.5 所示。

表 4.5　成都市生态经济系统耦合协调发展水平的度量标准

耦合协调发展度 D	0.20~0.39	0.40~0.49	0.50~0.59	0.60~0.69	0.70~0.79	0.80~0.89	0.90~1.00
耦合协调发展等级	中度失调	轻度失调	勉强协调	初级协调	中级协调	良好协调	优质协调

4.1.3　结果与分析

笔者对 2008—2017 年成都市生态环境与经济社会系统指标原始数据按照式（4.1）到式（4.2）进行标准化处理，利用式（4.3）到式（4.5）计算出 32 项指标的权重，通过式（4.6）到式（4.8）分别得出昆明市 10 年来的经济社会效益指数 $f(X)$（见图 4.3）、生态环境效益指数 $f(Y)$（见图 4.4）、生态经济系统综合效益指数 T（见图 4.5）、耦合协调发展度 D（见图 4.6）。D 越大，说明生态经济系统耦合协调发展水平越高。成都市生态经济系统耦合协调发展等级及具体类型见表 4.6。

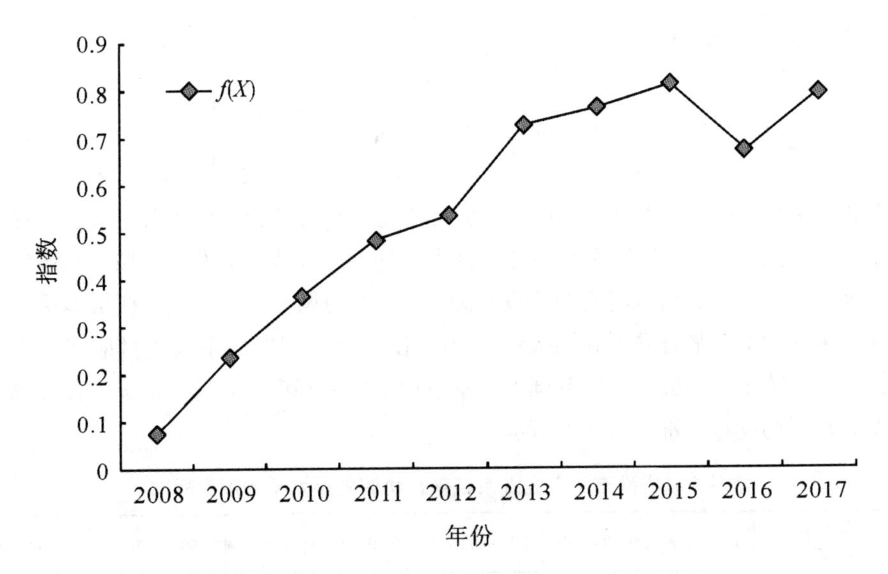

图 4.2　2008—2017 年成都市经济社会效益指数

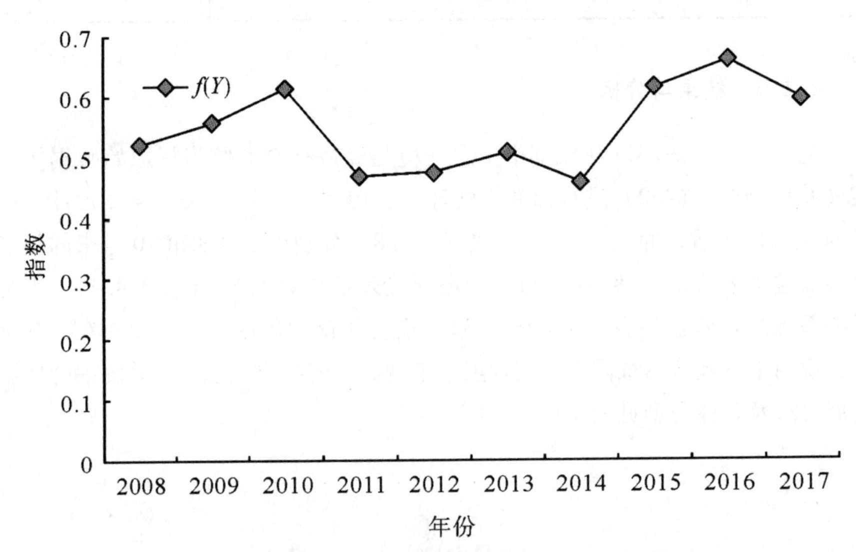

图 4.3　2008—2017 年成都市生态环境效益指数

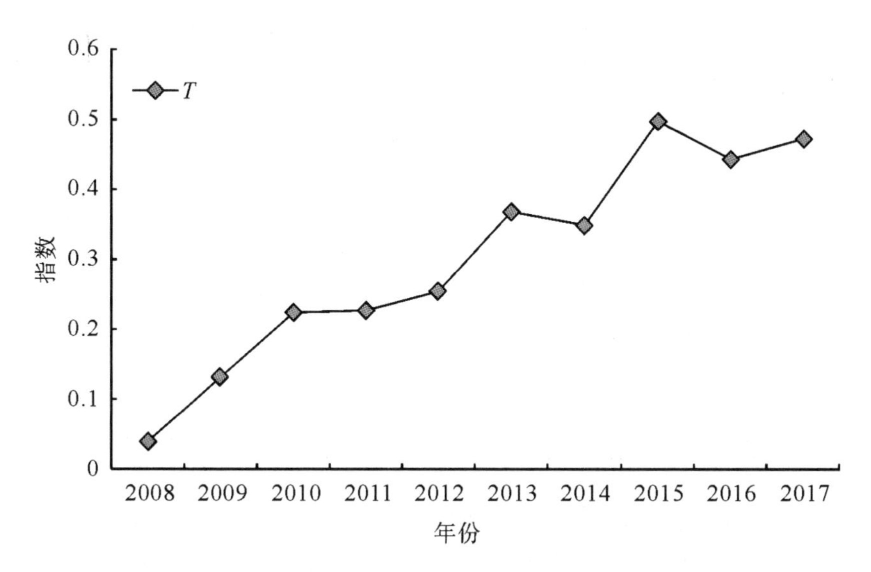

图 4.4　2008—2017 年成都市生态经济系统综合效益指数

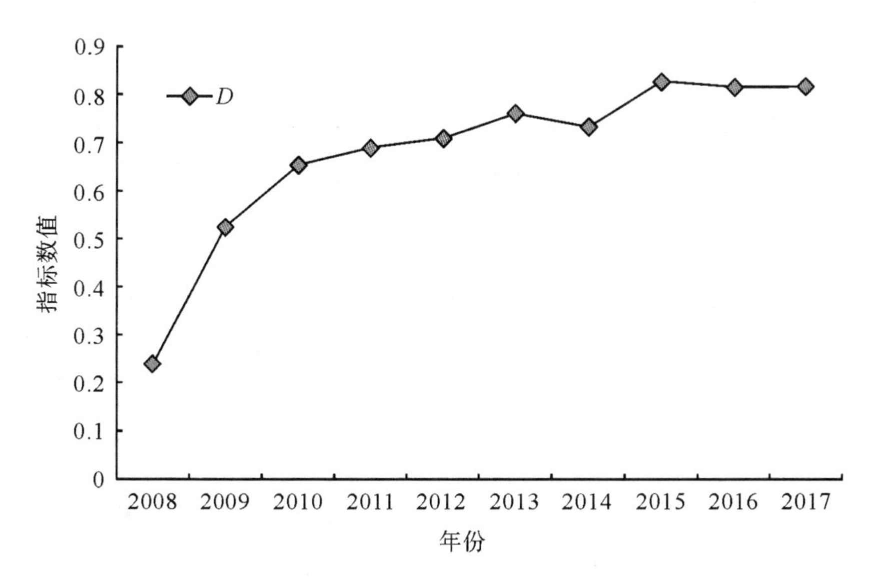

图 4.5　2008—2017 年成都市生态经济系统耦合协调发展度

表 4.6　2008—2017 年成都市生态经济系统耦合协调发展等级及具体类型

年份	$f(X)$	$f(Y)$	T	C	D	耦合协调发展等级	具体类型
2008	0.074 5	0.521 4	0.038 8	0.191 4	0.238 8	中度失调	$f(X)<f(Y)$，中度失调衰退类经济滞后型
2009	0.235 8	0.556 8	0.131 3	0.698 8	0.526 2	勉强协调	$f(X)<f(Y)$，勉强协调过渡类经济滞后型
2010	0.364 2	0.613 6	0.223 4	0.874 1	0.653 7	初级协调	$f(X)<f(Y)$，初级协调发展类经济滞后型
2011	0.483 3	0.468 5	0.226 4	0.999 5	0.689 7	初级协调	$f(X)>f(Y)$，初级协调发展类环境滞后型
2012	0.534 1	0.475 4	0.253 9	0.993 2	0.708 1	中级协调	$f(X)>f(Y)$，初级协调发展类环境滞后型
2013	0.725 5	0.507 4	0.368 2	0.938 4	0.760 6	中级协调	$f(X)>f(Y)$，中级协调发展类环境滞后型
2014	0.761 7	0.458 4	0.349 1	0.880 2	0.732 8	中级协调	$f(X)>f(Y)$，中级协调发展类环境滞后型
2015	0.810 8	0.614 3	0.498 1	0.962 4	0.828 1	良好协调	$f(X)>f(Y)$，良好协调发展类环境滞后型
2016	0.672 7	0.659 2	0.443 4	0.999 8	0.816 0	良好协调	$f(X)>f(Y)$，良好协调发展类环境滞后型
2017	0.794 3	0.595 7	0.473 2	0.959 6	0.816 6	良好协调	$f(X)>f(Y)$，良好协调发展类环境滞后型

通过分析表 4.6 的数据可知，2008—2013 年成都市生态经济系统耦合协调发展度呈现较快上升的演进趋势，2014 年成都市生态经济系统耦合协调发展度出现小幅下降，2014—2017 年成都市生态经济系统耦合协调发展度呈现倒 U 形，但研究时段生态经济系统耦合协调在整体上处于良性发展态势。

从表 4.6 可知，成都市生态经济系统的经济社会效益指数从 2008 年的 0.074 5 上升到 2017 年的 0.794 3，耦合协调发展度从 2008 年的 0.238 8 上升至 2017 年的 0.816 6，反映出随着成都市经济社会的快速发展，其生态经济系统耦合协调发展水平不断提升。2015 年以来，成都市生态经济系统达到了良好协调发展水平。但是，成都市生态经济系统在 2008 年处于失调衰退类经济滞后型发展状态，在 2009 年处于过渡类经济滞后型发展状态，在 2010 年处于协调发展类经济滞后型发展状态，在 2011—2017 年处于协调发展类环境滞后型发展状态。2013—2017 年，成都市生态经济系统耦合协调发展度在 0.732 8~0.828 1 波动。2015 年以来，其生态经济系统进入良好协调发展阶段，这表明其在城市经济社会发展与生态环境保育方面均取得一定成效，经济社会子系统与生态环境子系统已转向良好协调发展阶段，且经济社会效益对于生态环境修复支撑作用逐渐增强，二者之间出现良性耦合。例如，在经济社会领域，笔者以 2000 年为基年进行可比价计算，成都市地区生产总值以年均 15.01% 的速度增长；2017 年，第三产业占地区生产总值的比重达到了 53.21%，人均地区生产总值以 12.05% 的年均增长率提高；产业高级化率从 2008 年的 93.34%上升到 2017 年的 96.39%。人口素质不断提高，医疗事业不断取得进步，每万人拥有科技人员数量从 2008 年的 3.769 0 人增加到 2017 年的 6.016 3 人，每万人拥有医生数量从 2008 年的 27 人增加到 2017 年的 36.224 8 人。在生态环境领域，成都市所取得的生态环境保育与治理成效较为显著：成都市森林覆盖率、建成区绿化覆盖率与人均公用绿地面积逐年提高，森林覆盖率从 2008 年的 34.80%增加到 2017 年的 39.10%，建成区绿化覆盖率从 2008 年的 38.60%增加到 2017 年的 41.63%，人均公用绿地面积从 2008 年的 11.40 m^2 增加至 2017 年的 13.66 m^2。

图 4.6 可以反映出 2008—2017 年，成都市生态经济系统耦合协调发展度与人均地区生产总值之间存在着的对应关系。由图 4.6 可知，随着人均地区生产总值的提高，生态经济系统耦合协调发展度表现出波动上升的二次曲线特征。

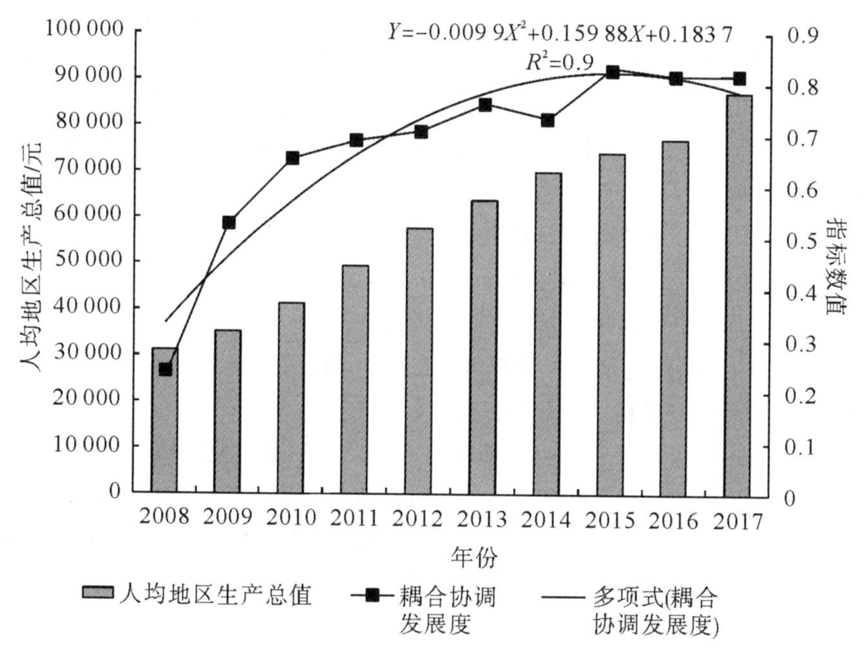

图 4.6　2008—2017 年成都市生态经济系统耦合协调发展度与人均地区生产总值的关系

总之，2008—2017 年成都市生态经济系统先后经历了失调衰退类经济滞后型、协调过渡类经济滞后型、协调发展类经济滞后型与协调发展类环境滞后型发展状态，特别是其生态环境综合效益在较长时间内处于滞后发展状态。当前，成都市生态经济系统处于良好协调发展类环境滞后型状态，但距协调统一的目标尚存一定差距。可见，成都市在重视经济社会发展效益的同时，较好地保护了生态环境；其经济社会发展并不是建立在消耗资源环境的基础之上，生态经济系统呈现较为良好的发展态势。

4.1.4 结论与对策

在本节中，笔者从定量研究的角度出发，按照“选取指标—收集数据—处理数据—构建模型—确立标准—评价结果”的技术路线对成都市 2008—2017 年生态经济系统耦合协调发展状态与演进规律进行分析，得出以下结论：

（1）2008—2017 年，成都市生态经济系统经历了“中度失调—勉强协调—初级协调—中级协调—良好协调”五个发展阶段。2011 年以来，成都市生态经济系统演进轨迹呈现波动上升趋势。

（2）成都市生态经济系统耦合协调发展度在 2008 年为 0.233 8，属于中度失调；在 2017 年为 0.816 6，达到良好协调。2008—2017 年，成都市经济社会效益的评价指数与生态环境效益的评价指数呈现波动上升趋势，说明其经济社会与生态环境获得了较快发展，生态经济系统之间矛盾逐渐缓解，且实现了更高层次的耦合协调发展。

（3）2017 年，成都市经济社会效益指数 $f(X)=0.794\ 3$，生态环境效益指数 $f(Y)=0.595\ 7$，耦合协调发展度 $D=0.816\ 6$，$f(X)>f(Y)$，这表明成都市生态经济系统属于良好协调发展类环境滞后型。

基于以上结论，笔者提出成都市生态经济系统可持续发展调控策略：

（1）优化三产结构，提高生态建设水平。

成都市形成了以第一产业为基础的“三二一”型产业结构，经济发展良好。但是，成都市生态基础薄弱，需要进一步加快生态建设步伐；保护耕地，控制农田污染和水污染，加强“三废”治理，提升农田生态环境治理；大力发展特色农业、生态农业、观光农业，建设现代都市生态园区。

（2）加大环保投入，提高环保意识。

改善生态环境发展水平需充分发挥生态经济系统的内部功能，提高市民的文化教育和增强他们的生态环保意识。成都市政府应做好生态补偿，充分发挥脆弱生态区市民保护生态环境的积极性和能动性，使脆弱的生态环境问题逐渐得以解决。

（3）促进生态环境与经济社会系统协调持续发展。保护耕地，促进粮食生产，实现耕地占补平衡，可为成都市生态经济系统健康发展提供最重要的耕地保障。成都市应加快推进城乡一体化的“成都模式”，即“三三见六，以一化二”。第一个“三”是指工业向园区集中、耕地向经营集中、农民向城镇集中，第二个“三”是指农业产业化工程、农村扶贫开发工程、农村发展环境建设工程，“以一化二”是指以城乡一体化的发展路径来破解城乡二元结构。

4.2 贵阳市生态经济系统耦合协调发展评价

4.2.1 贵阳市市情

4.2.1.1 概况

贵阳市是贵州省省会，是贵州省的政治、经济、文化和科技中心，西南地区重要的铁路交通枢纽、全国历史文化名城之一。贵阳市位于贵州高原的中心部位贵阳盆地，处于中国西南地区贵州省中北部，地理区位优越，现辖6区3县1市，地跨东经106°27′~107°03′、北纬26°11′~26°55′。贵阳市地处云贵高原东斜坡，纬度较低，地貌复杂多样，岩溶发育、层状地貌明显，属于高原季风湿润气候，是贵州省开发条件最优、经济实力最强的区域。贵阳市科技、文化、教育等各项事业发展良好，在我国西南地区具有重要影响力，属优质旅游城市。贵阳市地理区位优越，气候温和，喀斯特地貌发育良好，旅游资源丰富，人口较为稠密。截至2017年年底，其常住人口为480.20万人（其中，城镇人口为359.19万人，乡村人口为121.01万人），全年实现地区生产总值3 537.96亿元，较2016年增长了11.3%（见图4.7）。

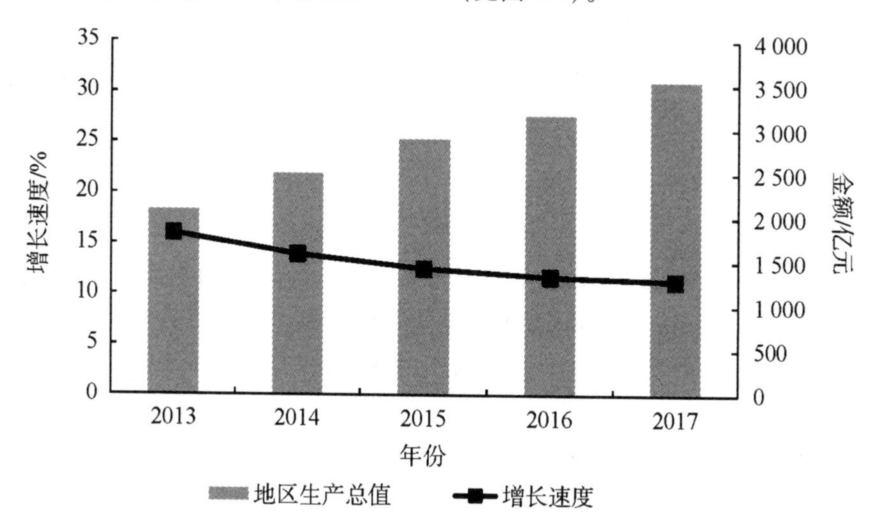

图4.7　2013—2017年贵阳市地区生产总值与增长速度统计

从大范围来看，贵阳市“东枕衡湘，西襟滇诏，南屏粤峤，北带巴夔”，为川、渝、湘、滇、桂诸省（市）往来的必经之地。从小范围来看，贵阳市北有乌江天险阻隔；南有苗岭横亘；西北隔着乌江及其支流猫跳河，与黔西北的崇山峻岭相遥望；东部是乌江支流与沅江水系的分水岭；西部是贵州高原的脊背，地势较为平缓，是通往云南的一条主要通道，历来为兵家必争之地。抗日战争时期，贵阳成为抗战的大后方、公路交通的枢纽。中华人民共和国成立后，黔桂、川黔、贵昆、湘黔四条铁路干线十字形交汇于贵阳，使这里成为西南铁路交通枢纽，川、滇、黔、桂诸省的物资集散地。贵阳市距南海开放地带只有 540 km，是西南地区距出海口最近的一个中心城市。优越的地理位置促进了贵阳城市的形成和发展。

贵阳市坐落于南明河畔。其城市建筑沿南阳河及其支流贯城河、市西河向北扩展，是一个东西窄、南北长的椭圆形城市。贵阳市城区地势倾斜起伏，排水良好；城外群山重叠环抱，犹如城市屏障。群山之间，形成许多关隘，如北有大关、小关，南有牛郎关、孟关，西有金关、阳关、蔡家关，东有图云关。古代在关外还修建了一些哨所，如石板哨、大山哨、太平哨等，因而形成了关外有哨、关内有关、关哨相接的层层防御屏障。但因盆地面积窄小，贵阳市城市建设用地不足，给城市的进一步发展带来一定的局限。贵阳市的城市建设和工业布局只宜顺应地势，沿山间槽谷和低丘地带向外扩张，在城区外围形成10 多片工业区和小城镇。

4.2.1.2　城市的形成和发展

秦以前，今贵阳属夜郎、且兰国地。从两晋末年起直到唐、宋、元、明、清，贵阳地区成为地方大姓豪族与历代王朝统治者反复争夺之地。贵阳城就是在历代反复争夺中不断形成和发展起来的，成为黔中的一个政治、军事重镇。西晋建兴元年（313），贵阳地置晋乐县。西晋末年，八王混乱，大姓豪族乘机发展地方势力，扩大地盘，出现了对贵阳地区的反复争夺。唐贞观十三年(639)，水东蛮州宋氏部落在矩州北部强盛起来，成为争夺矩州的另一支地方豪强势力。五代中，矩州又被水西罗氏主色攻占。其将矩州更名为黑羊箐，让其子若藏驻守。唐代，矩州已逐渐形成一个城市，并修筑了城垣。宋开宝七年(974)，若藏之子普贵朝贡于宋，太祖皇帝赐罗甸王普贵封号，并敕书有“惟尔贵州，远在要荒”文句，“贵州”之名从此有之。宋宣和元年（1119），更矩州为贵州；更黑羊箐为贵州城，置贵州经略安抚使，驻贵州城，是为贵州省名之源。元世祖至元十六年（1279），元军攻入贵州，贵州城内大姓豪族及其西南部八番等部族先后迎降臣服，更贵州城为顺元城，始置宣慰都司元帅府，隶属于四川省。这时，顺元城凭借其优越的地理位置，成为元兵向西南拓展势力范围的一个军事据点。明洪武四年（1371），废顺元名称，置贵州宣慰司和贵州卫，军政合一，仍隶四川省。洪武十五年（1382），设贵州都指挥使司，驻贵州城。明成祖永乐十一年（1413），始置贵州承宣布政司，贵州行省从此开始，贵州城也成为全省的政治中心、军事重镇。明穆宗隆庆二年（1568）迁程番府（今惠水）入省城，次年改为贵阳府。因府位于城北贵山之南而得名，从此，贵阳名称沿用至今。

贵阳成为贵州行省的政治、军事中心以后，又多次出现对贵阳城的破坏和重建。明天启元年（1621），水西彝族部族围攻贵阳被打退。天启六年（1626），贵阳城又向北扩展，增筑北门外土城。当时，北门以上的土城称新城或外城，而北门以南的石城称内城或旧城。清顺治四年（1647），农民起义首领孙可望率部队攻入贵阳，破坏外城。清王朝为了加强对贵州人民的统治，实行“改土归流”，清除关卡，奖励生产，鼓励移民入黔垦殖，曾多次对贵阳城进行修复、重建。顺治十六年（1659），清兵占领贵阳后，重建内城。康熙十一年（1672），修复外城。乾隆六年（1741），改筑外城为石城。这时，贵阳除了原有的政治、军事价值外，逐渐成为移民入黔垦殖、商贾贸易往来的一个落脚点。随着手工业和商业的发展，贵阳成为贵州与周围各省的商品交换中心和西南地区的一个交通贸易中心。

辛亥革命后，贵阳一度成为川、黔、滇、桂各路军阀争夺之地。当时，贵州军阀周西成曾在全省开展被称为“新建设”的经济开发，兴办实业。抗日战争时期，我国东部沿海城市相继沦陷，国民党政治、经济、军事重心西移重庆，贵阳成为最具有吸引力的交通要冲，也成为沦陷区机关、学校、工商企业、银行以及部分文教、科技工作者和爱国人士的落脚点。在这个时期，贵阳虽成为抗日后方的一个重要经济、文化和交通中心，但城市基础设施建设落后。抗日战争胜利后，随着大批工商企业、机关、学校的东迁，资金外流，人口大量东移，贵阳城市的“繁荣”消落。

4.2.1.3 城市特征

中华人民共和国成立后，经过多年建设，贵阳焕然一新，城市绿化与环境保护成效显著。2017 年，贵阳市建成区面积达到 360 km^2，建成区绿化覆盖面积为 14 684 hm^2、建成区园林绿地面积为 13 884 hm^2、建成区公园绿地面积为 4 327.68 hm^2。

贵阳市是具有相当规模的综合性工业城市。2017 年，贵阳市规模以上工业增加值比 2016 年增长了 7.4%；重点产业规模以上工业增加值比 2016 年增长了 8.7%，占规模以上工业增加值的 85.2%。其中，电力生产及供应业增加值增长了 16.2%、特色食品业增加值增长了 12.5%、橡胶及塑料制品业增加值增长了11.5%、装备制造业增加值增长了11.1%、医药制造业增加值增长了10.0%。2017年，贵阳市工业园区规模以上工业企业增加值比2016年增长了7.5%，占规模以上工业增加值的87.7%。

贵阳市是贵州省的科技、文化中心，人才培养的主要基地。2017年，贵阳市专利授权量为9 113件，比2016年增长了61.5%；研究生教育招生6 852人，在校生18 101人，毕业生5 406人；普通高等教育招生12.09万人，在校生37.90万人，毕业生9.64万人。

近年来，在城市化快速推进的过程中，贵阳市的生态破坏、环境污染问题也不断出现，日益严峻的生态环境问题反过来又制约了贵阳市的城市化进程（许国钰 等，2018）。例如：在贵阳市城市化过程中，城市边缘带居民点、工矿区的扩展，导致污水排放由城市河道扩展到乡村河道，污水排放量持续增加，尤其是城镇生活污水排放量从2005年的109 7.3×10^5 t上升至2016年的131 9×10^5 t，同时耕地、生态景观的持续萎缩，使得地表涵养水源、截流截污能力下降，水环境质量也不断下降，脆弱性增强（朱士鹏 等，2018）。因此，促进贵阳市经济社会与生态环境系统耦合协调发展，已成为亟待解决的科学问题。

4.2.2 研究方法

本书以促进贵阳市生态经济系统耦合协调发展为切入点，对其2008—2017年生态经济系统协调演进状态及变化规律进行探讨，旨在为贵阳市建设生态城区、发展生态经济，增强产业核心竞争力及实现自然环境和社会经济的和谐发展提供理论与实践借鉴。为了能够客观评价生态经济系统演进状态，本节运用耦合协调发展度模型对贵阳市经济社会与生态环境可持续性做定量评价。

4.2.2.1 指标体系的构建及数据来源

基于耦合协调发展度模型的特点，本节依据评价指标的代表性、可比性、客观性与层次性原则，借鉴已有指标体系研究成果，采用理论分析法对评价指标进行确定，用生态环境系统与经济社会系统的发展能力来展现贵阳市生态经济系统的持续发展状态。考虑到贵阳市的资源、环境、经济、社会等状况，笔者在选择针对性强、使用频率较高指标的基础上，突出了表征城市环境现状的大气质量、水环境、声环境等因素及旅游资源丰度指数、产业结构演进系数等指标对生态经济系统运行的作用。鉴于数据的连续性、可获得性，笔者选取32项既相互联系又有区别的分指标构建多层次评价体系（见表4.7），力求能够全面、准确地表现贵阳市2008—2017年的生态经济系统耦合协调演进状态。

表4.7　贵阳市生态经济系统评价指标体系

系统	功能团	具体指标	单位	系统	功能团	具体指标	单位
X：经济社会系统	X_A：经济发展水平	X_1：经济密度	元/km^2	Y：生态环境系统	Y_A：生态环境发展水平	Y_1：人均水资源拥有量	m^3
		X_2：人均固定资产投资	元			Y_2：平均气温	℃
		X_3：产业结构高级化率	%			Y_3：平均相对湿度	%
		X_4：人均地方财政收入对人均地区生产总值的弹性系数	—			Y_4：森林覆盖率	%
		X_5：第三产业占地区生产总值的比重	%			Y_5：旅游资源丰度	—
		X_6：人均工业总产值	元			Y_6：单位面积粮食产量	hm^2
	X_B：城市人口发展能力	X_7：非农产业从业人口所占比重	%			Y_7：人均公用绿地面积	m^2
		X_8：人口自然增长率	%		Y_B：生态环境压力	Y_8：人均工业废水排放量	t
		X_9：大学生所占比重	%			Y_9：人均工业固体废物产生量	t
		X_{10}：科技人员所占比重	%			Y_{10}：人均工业废气排放量	m^3
	X_C：城市社会发展水平	X_{11}：人均住房面积	m^2			Y_{11}：噪声平均值	dB
		X_{12}：每万人拥有医生数量	人		Y_C：生态环境响应	Y_{12}：空气质量优良率	%
		X_{13}：人均道路面积	m^2			Y_{13}：工业固体废物综合利用率	%
		X_{14}：百户拥有移动电话数	部			Y_{14}：生活垃圾处理率	%
	X_D：空间城市化	X_{15}：建成区面积所占比重	%			Y_{15}：造林总面积	hm^2
		X_{16}：城市人口密度	人/km^2			Y_{16}：建成区绿化覆盖率	%

本节所用数据来源于2009—2018年贵阳统计年鉴，2009—2018年中国城市统计年鉴，2008—2017年贵阳市水资源公报，2008—2017年贵阳市环境状况公报，2008—2017年贵阳市国民经济和社会发展统计公报，以及贵阳市文化广电旅游局、贵阳市统计局、贵阳市生态环境局、贵阳市自然资源局与贵州省文化和旅游厅官方网站的统计数据。具体数据资料见附表4、附表7和附表8。贵阳市经济社会系统和生态环境系统评价指标体系数据标准化处理结果分别见表4.8、表4.9。

表 4.8　2008—2017 年贵阳市经济社会系统指标体系数据标准化处理结果

系统	功能团	具体指标代码	年份				
			2008	2009	2010	2011	2012
X	X_A	X_1	0	0.035 7	0.092 1	0.190 2	0.313 2
		X_2	0	0.053 1	0.128 3	0.305 7	0.571 8
		X_3	0	0.861 6	0.868 4	0.931 7	0.964 7
		X_4	-1	-0.592 9	0	-0.153 5	-0.132 4
		X_5	0	0.780 1	0.778 5	0.694 9	0.753 1
		X_6	0	0.002 8	0.095 2	0.294 4	0.444 0
	X_B	X_7	0	0.132 8	0.262 8	0.394 2	0.524 2
		X_8	0	0.205 5	1	0.579 9	0.698 6
		X_9	0	0.191 8	0.111 5	0.116 4	0.297 2
		X_{10}	0.004 3	0	0.446 7	0.623 5	0.550 0
	X_C	X_{11}	0	0.076 7	0.025 1	0.051 6	0.078 7
		X_{12}	0.172 2	0.187 4	0.368 8	0	0.080 0
		X_{13}	0	0.038 0	0.173 0	0.041 8	0.068 4
		X_{14}	0	0.305 6	0.515 5	0.874 8	1
	X_D	X_{15}	0	0.256 1	0.234 9	0.227 1	0.403 2
		X_{16}	0	-0.158 8	-0.319 8	-0.424 9	-0.520 7
系统	功能团	具体指标代码	年份				
			2013	2014	2015	2016	2017
X	X_A	X_1	0.454 2	0.608 9	0.756 9	0.857 1	1
		X_2	0.726 6	0.858 3	1	0.759 7	0.907 8
		X_3	1	0.953 6	0.935 0	0.951 7	0.971 6
		X_4	-0.170 1	-0.090 5	-0.216 0	-0.462 7	-0.487 4
		X_5	0.869 0	0.955 7	1	0.992 1	0.985 2
		X_6	0.574 1	0.703 0	0.754 5	0.842 2	1
	X_B	X_7	0.634 6	0.736 3	0.824 4	0.932 5	1
		X_8	0.616 4	0.474 9	0.369 9	0.643 8	0.748 9
		X_9	0.498 5	0.710 5	0.737 1	0.953 1	1
		X_{10}	1	0.819 7	0.558 7	0.556 5	0.662 0
	X_C	X_{11}	0.641 8	0.894 8	0.866 4	1	0.955 9
		X_{12}	0.249 5	0.303 3	0.593 4	0.850 1	1
		X_{13}	0.830 8	0.906 8	0.927 8	0.939 2	1
		X_{14}	0.788 2	0.763 9	0.690 8	0.858 5	0.930 7
	X_D	X_{15}	0.720 9	0.728 6	0.745 3	0.755 3	1
		X_{16}	-0.569 7	-0.683 1	-0.790 9	-0.914 2	1

表 4.9 2008—2017 年贵阳市生态环境系统评价指标体系数据标准化处理结果

系统	功能团	具体指标代码	年份				
			2008	2009	2010	2011	2012
Y	Y_A	Y_1	1	0.495 8	0.165 5	0	0.551 7
		Y_2	0.250 0	0.750 0	0.437 5	0.187 5	0.000 0
		Y_3	0.277 8	0.000 0	0.509 3	0.259 3	1
		Y_4	0	0	0.075 6	0.075 6	0.206 4
		Y_5	0	0.222 2	0.222 2	0.388 9	0.388 9
		Y_6	0.968 1	1	0.932 8	0	0.286 0
		Y_7	0	0	0.031 9	0.182 1	0.351 4
	Y_B	Y_8	−0.470 7	0	−0.001 5	−0.056 5	−0.054 6
		Y_9	−0.116 0	−0.057 3	−0.755 3	−0.114 9	−0.109 5
		Y_{10}	−0.139 6	−0.069 0	−0.055 0	0	−0.158 2
		Y_{11}	−0.111 1	−0.083 3	−0.027 8	−0.138 9	−0.027 8
	Y_C	Y_{12}	0.944 7	0.943 7	0.902 0	0.985 8	1
		Y_{13}	0.500 4	0.480 7	0.907 4	0.820 9	1
		Y_{14}	0.027 9	0.368 0	0.000 0	0.545 7	0.927 7
		Y_{15}	0	0.050 5	0.186 4	0.788 5	0.884 7
		Y_{16}	0.714 3	0.755 1	0.755 1	0.857 1	0.938 8
系统	功能团	具体指标代码	年份				
			2013	2014	2015	2016	2017
Y	Y_A	Y_1	0.136 8	0.710 3	0.461 8	0.083 0	0.393 3
		Y_2	0.875 0	0.562 5	0.937 5	1	0.937 5
		Y_3	0.398 1	0.694 4	0.925 9	0.555 6	0.555 6
		Y_4	0.351 7	0.468 0	0.540 7	0.686 0	1
		Y_5	0.388 9	0.555 6	0.777 8	0.833 3	1
		Y_6	0.582 2	0.602 8	0.537 8	0.008 2	0
		Y_7	0.463 3	0.463 3	0.383 4	0.993 6	1
	Y_B	Y_8	−0.152 5	−0.420 8	−0.319 0	−0.752 1	1
		Y_9	0.000 0	−0.087 5	−0.262 9	−0.652 7	1
		Y_{10}	−0.016 3	−0.074 1	−0.156 9	−1	−0.458 5
		Y_{11}	0	−1	−0.972 2	−1	−0.944 4
	Y_C	Y_{12}	0	0.497 5	0.862 9	0.984 8	0.959 4
		Y_{13}	0.477 5	0.575 7	0.537 0	0.231 9	0
		Y_{14}	1	0.912 4	0.595 2	0.897 2	0.903 6
		Y_{15}	1	0.740 8	0.907 2	0.791 5	0.706 4
		Y_{16}	1	1	0	0.428 6	0.469 4

4.2.2.2 指标权重的确定

为避免权重确定的主观因素影响，本节使用改进的熵值法确定权重。确定指标权重的程序见上节式（4.1）到式（4.5）。通过计算，笔者得到 32 项指标的权重值（见表 4.10）。

表 4.10　贵阳市生态经济系统耦合协调测度指标权重

系统	功能团权重	具体指标代码	权重	系统	功能团权重	具体指标代码	权重
X	X_A 0.395 8	X_1	0.076 5	Y	Y_A 0.504 4	Y_1	0.057 5
		X_2	0.079 8			Y_2	0.158 7
		X_3	0.034 5			Y_3	0.061 9
		X_4	0.075 8			Y_4	0.062 2
		X_5	0.052 9			Y_5	0.031 0
		X_6	0.076 3			Y_6	0.062 2
	X_B 0.263 4	X_7	0.056 9			Y_7	0.066 9
		X_8	0.067 2		Y_B 0.238 1	Y_8	0.056 9
		X_9	0.069 4			Y_9	0.064 8
		X_{10}	0.069 9			Y_{10}	0.055 9
	X_C 0.236 6	X_{11}	0.057 0			Y_{11}	0.060 5
		X_{12}	0.084 4		Y_C 0.261 5	Y_{12}	0.066 0
		X_{13}	0.053 1			Y_{13}	0.064 3
		X_{14}	0.042 1			Y_{14}	0.064 8
	X_D 0.104 3	X_{15}	0.057 5			Y_{15}	0.001 2
		X_{16}	0.046 8			Y_{16}	0.065 2

4.2.2.3　建立耦合协调发展度模型

此部分内容同 4.1 节内容一致，不再赘述。

4.2.3　结果与分析

笔者对 2008—2017 年贵阳市生态环境与经济社会系统指标原始数据按照式（4.1）和式（4.2）进行标准化处理，利用式（4.3）至式（4.5）计算出 32 项指标的权重，通过式（4.6）至式（4.8）得出贵阳市 10 年来的经济社会效益指数 $f(X)$（见图 4.8）、生态环境效益指数 $f(Y)$（见图 4.9）、生态经济系统综合效益指数 T（见图 4.10）与耦合协调发展度 D（见图 4.11）。贵阳市生态经济系统耦合协调发展等级及具体类型如表 4.11 所示。

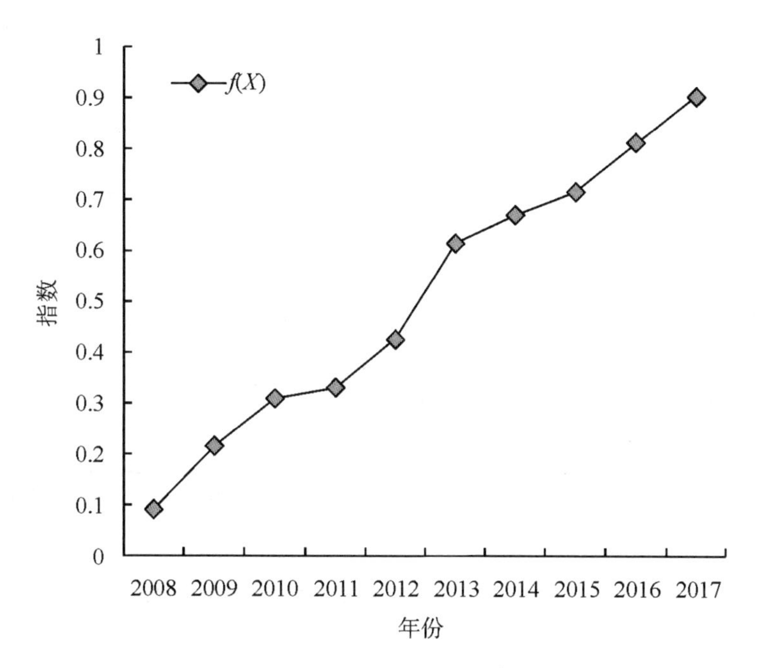

图 4.8　2008—2017 年贵阳市经济社会效益指数

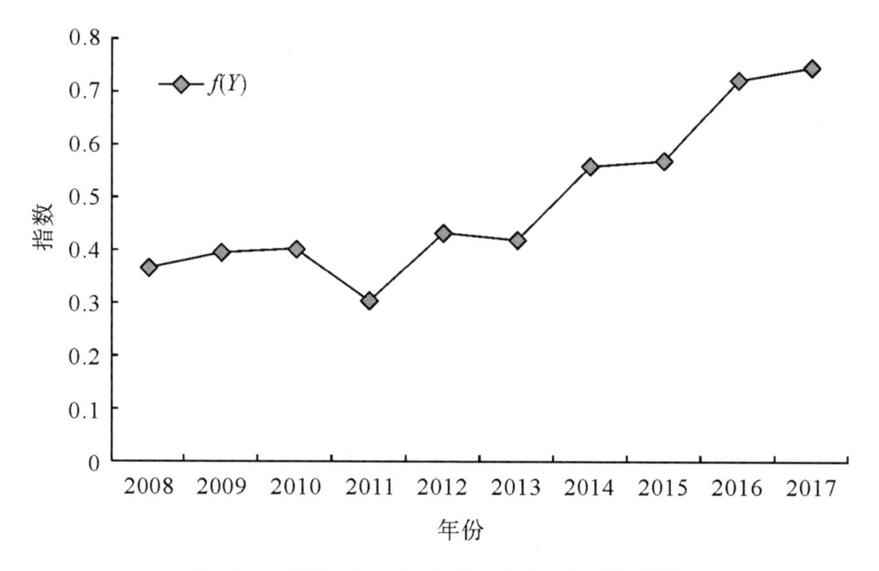

图 4.9　2008—2017 年贵阳市生态环境效益指数

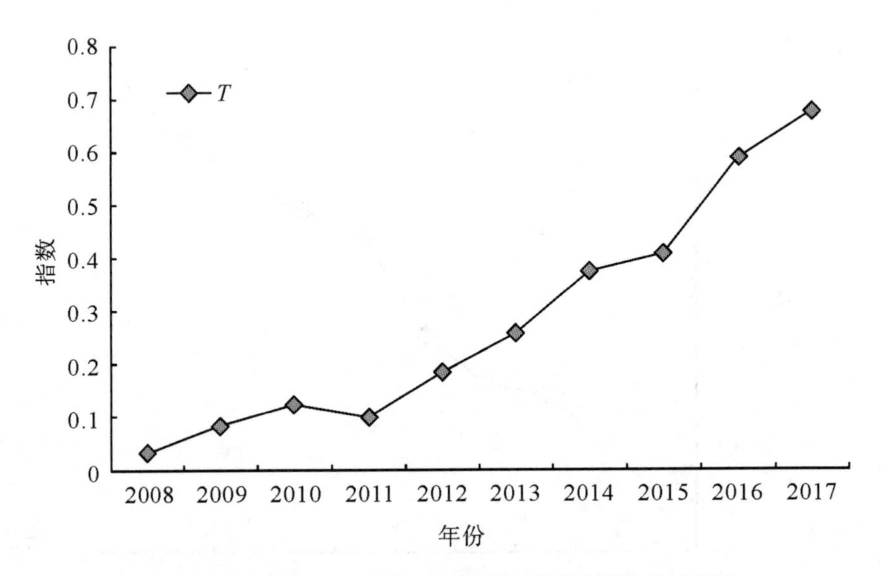

图 4.10　2008—2017 年贵阳市生态经济系统综合效益指数

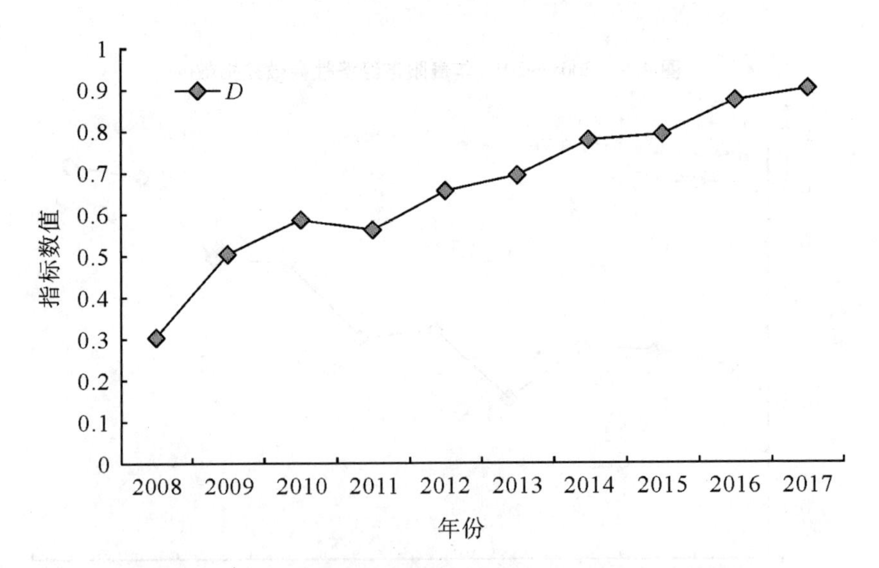

图 4.11　2008—2017 年贵阳市生态经济系统耦合协调发展度

表 4.11　2008—2017 年贵阳市生态经济系统耦合协调发展等级及具体类型

年份	$f(X)$	$f(Y)$	T	C	D	耦合协调发展等级	具体类型
2008	0.090 7	0.366 2	0.033 2	0.404 8	0.304 1	中度失调	$f(X)<f(Y)$，中度失调衰退类经济滞后型
2009	0.215 0	0.395 5	0.085 0	0.832 7	0.504 2	勉强协调	$f(X)<f(Y)$，勉强协调过渡类经济滞后型
2010	0.308 6	0.403 2	0.124 5	0.965 0	0.586 1	勉强协调	$f(X)<f(Y)$，勉强协调过渡类经济滞后型
2011	0.329 9	0.303 9	0.100 2	0.996 6	0.562 0	勉强协调	$f(X)>f(Y)$，勉强协调过渡类环境滞后型
2012	0.426 9	0.433 2	0.185 0	0.999 9	0.655 8	初级协调	$f(X)<f(Y)$，初级协调发展类经济滞后型
2013	0.614 9	0.419 5	0.257 9	0.929 9	0.693 5	初级协调	$f(X)>f(Y)$，初级协调发展类环境滞后型
2014	0.670 2	0.559 4	0.374 9	0.983 9	0.777 7	中级协调	$f(X)>f(Y)$，中级协调发展类环境滞后型
2015	0.716 4	0.569 8	0.408 2	0.974 2	0.791 5	中级协调	$f(X)>f(Y)$，中级协调发展类环境滞后型
2016	0.813 1	0.722 9	0.587 8	0.993 1	0.873 3	良好协调	$f(X)>f(Y)$，良好协调发展类环境滞后型
2017	0.906 1	0.746 9	0.676 8	0.981 5	0.900 7	优质协调	$f(X)>f(Y)$，优质协调发展类环境滞后型

由表 4.11 可知，贵阳市经济社会效益指数从 2008 年的 0.090 7 上升至 2017 年的 0.906 1，呈现持续增长趋势，反映出贵阳市经济社会子系统对生态经济系统良性发展的贡献能力增强；生态环境效益指数从 2008 年的 0.366 2 上升至 2017 年的 0.746 9，在 2011—2013 年虽然出现小幅波动，但在整体上仍然呈上升趋势，说明生态环境子系统的调剂与保育能力逐渐增强。例如：在经济社会领域，以 2000 年为基年进行可比价计算，贵阳市地区生产总值以年均 16.77% 的速度增长，2017 年第三产业占地区生产总值的比重达到了 56.97%，人均地区生产总值以 14.85% 的年均增长率提高；产业高级化率从 2008 年的 87.11%上升到 2017 年的 95.84%，虽有微小波动，但螺旋式上升是主流趋势。贵阳市经济社会综合效益指数年均增长率为 29.15%。贵阳市高层次人才队伍不断壮大，大数据事业迅速发展，医疗事业不断进步，每万人拥有科技人员数量从 2008 年的 3.852 3 人增加到 2017 年的 13.962 9 人，每万人拥有医生数量从 2008 年的 27.409 1 人增加到 2017 年的 35.106 2 人。在生态环境领域，贵阳市在喀斯特区域生态环境保育治理与水土保持上所取得的工作成效较为显著，贵阳市森林覆盖率从 2008 年的 41.78%增加到 2017 年的 48.66%，造林总面积从 2008 年的 318 3 hm^2增加到 2017 年的 9 683 hm^2，人均公用绿地面积从 9.75 m^2增加到 12.88 m^2。

2008—2017 年贵阳市生态经济系统耦合协调发展度呈现持续上升的演进趋势，由 0.304 1 增长至 0.900 7，年均增长率为 12.82%，且随着经济社会效益指数的增长而提升，二者相关性增强。这反映出随着贵阳市社会经济的快速发展，其生态环境综合效益不断提升，生态经济系统发展达到优质协调水平。这也反映出贵阳市在促进经济社会发展的进程中，注重生态环境与生态文明的保护，深入践行了“绿水青山就是金山银山”的发展理念。2008—2017 年，贵州省生态经济环境系统综合效益指数呈波动变化，在 2011 年达到最低值。究其原因，主要是 2010 年以来西南地区持续较长时间的旱灾。其对滇黔地区生态环境的影响尤为严重。

由图 4.12 可知，2008 年以来，贵阳市生态经济系统耦合协调发展度与人均地区生产总值之间存在着一一对应关系；随着人均地区生产总值的逐年提高，生态经济系统耦合协调发展度表现出波动上升的二次曲线特征。

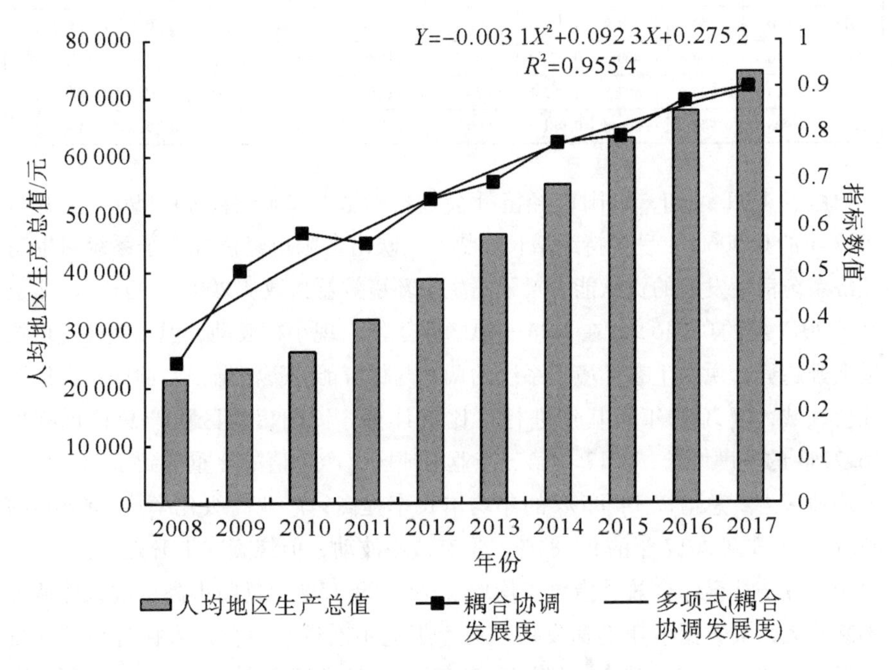

图 4.12　2008—2017 年贵阳市生态经济系统耦合协调发展度与人均地区生产总值的关系

2008 年，贵阳市生态经济系统耦合协调发展属于中度失调衰退类经济滞后型；2009—2010 年，贵阳市生态经济系统耦合协调发展属于勉强协调过渡类经济滞后型；2011 年，贵阳市生态经济系统耦合协调发展属于勉强协调过渡类环境滞后型；2012 年，贵阳市生态经济系统耦合协调发展属于初级协调发展类经济滞后型；2013 年，贵阳市生态经济系统耦合协调发展属于初级协调发展类环境滞后型；2014—2015 年，贵阳市生态经济系统耦合协调发展属于中级协调发展类环境滞后型；2016 年，贵阳市生态经济系统耦合协调发展属于良好协调发展类环境滞后型；2017 年，贵阳市生态经济系统耦合协调发展属于优质协调发展类环境滞后型。2008—2017 年，贵阳市生态环境综合效益较长时间滞后发展，反映出岩溶地区生态环境保育工作依然艰巨。贵阳市生态经济系统耦合协调发展属于优质协调发展类环境滞后型，可见，贵阳市在重视经济社会发展效益时，较好地保护了生态环境，其社会经济发展并不是重点建立在消耗资源环境的基础之上，生态经济系统呈现较为良好的发展态势。

4.2.4 结论与对策

笔者从定量研究的角度出发，对 2008—2017 年贵阳市生态经济系统耦合协调状态与演进规律进行分析，得出如下结论：

（1）贵阳市生态经济系统耦合协调发展经历了“中度失调—勉强协调—初级协调—中级协调—良好协调—优级协调”六个阶段。

（2）2008 年，贵阳市生态经济系统耦合协调发展度为 0.304 1，属于中度失调；在 2017 年为 0.902 7，属于优质协调。这说明十年来贵阳市生态环境与经济社会获得了较快发展，二者之间的矛盾逐渐缓解，且实现了更高层次的耦合协调发展。

（3）2017 年，贵阳市经济社会效益指数 $f(X)=0.906\ 1$，生态环境效益指数 $f(Y)=0.746\ 9$，耦合协调发展度 $D=0.900\ 7$，$f(X)<f(Y)$，这表明贵阳市生态经济系统属于优质协调发展类环境滞后型。

基于以上结论，贵阳市可采取以下调控措施：

（1）加强对喀斯特地区石漠化综合治理。贵阳应将生物措施、工程措施、耕作措施和管理措施等有机结合，开展山、水、田、林、路综合治理，形成多目标、多层次、多功能、高效益的综合防治体系。

（2）提高人口素质，优化石漠化地区农村劳动力就业结构。贵阳市应采取切实措施，加强石漠化地区农村剩余劳动力输出与转移，大力推进农村工业发展和小城镇建设进程，降低农村人口比重，以减轻农业人口对岩溶石漠化环境造成的直接压力。

（3）科学制订生态保护与建设规划。贵阳市应确定合理的生态保护与建设目标，制订可行的方案和具体措施，促进生态系统的恢复，增强生态系统服务功能，为贵阳市生态安全与经济社会可持续发展奠定生态基础。

4.3　重庆市生态经济系统耦合协调发展评价

4.3.1　重庆市市情

4.3.1.1　概况

重庆市位于长江上游、我国中部地区与西部地区的结合部，地形以山地与丘陵为主，气候温暖湿润，境内分布着长江、嘉陵江、乌江等众多河流和10余处温泉，自然条件十分优越。其主城区位于四川盆地的东南部，在长江和嘉陵江的汇合处。重庆市东邻湖北省和湖南省，南与贵州省毗连，北接陕西省，西面和西北面与四川省相邻。重庆市地跨东经105°11′~110°11′、北纬28°10′~32°13′。重庆市地理区位优越，辖26个区、8个县、4个自治县，是西南地区著名的特大城市与唯一的直辖市。2017年，重庆市的地区生产总值为19 500.27亿元，比2016年增长了9.3%（见图4.13）。2017年，重庆市第一产业增加值为1 339.62亿元，比2016年增长了4.0%；第二产业增加值为8 596.6亿元，比2016年增长了9.5%；第三产业增加值为9 564.04亿元，比2016年增长了9.9%；三次产业结构比例为6.9∶44.1∶49.0。

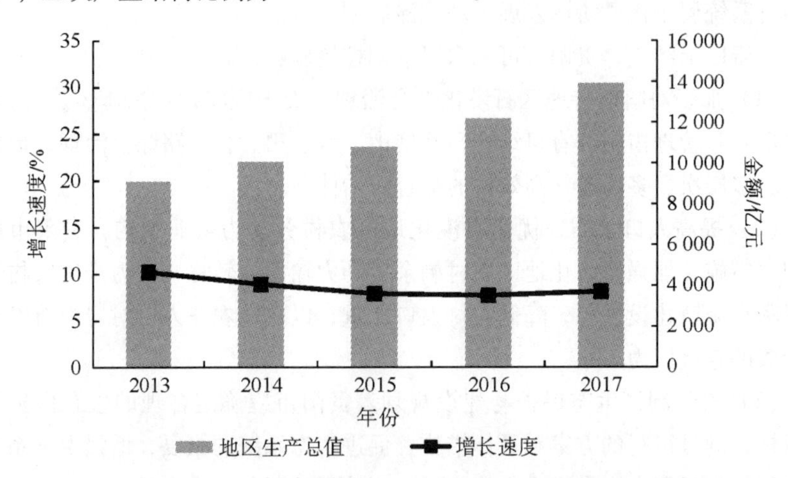

图4.13　2013—2017年重庆市地区生产总值与增长速度统计

重庆市市域经历了长期的地质发展过程，形成了复杂的地质构造特征。早在前震旦纪，重庆市市域和四川盆地一样，处于地槽发展阶段；古元古代末，晋宁运动使前震旦纪地槽发生褶皱回返，转入地台发生阶段；下古生代为浅海相碳酸盐沉积建造；加里东运动使地壳全面上升成陆地，缺失泥盆、石炭系；二叠纪初，地壳继续下降，发生广泛海浸，沉积了酸盐和含煤、含铁建造；华力西运动形成了华丰山大断裂，三叠纪沉积了浅海相碳酸盐和页岩建造；印支运动使地壳全面上升，从此结束了海浸；侏罗纪、白垩纪为碎屑岩沉积建造；燕山运动使古生代至中生代的全部盖层发生了强烈褶皱和断裂，基本形成了现今的重庆市大地构造图景。

重庆市市域的地质构造具有多期性和复杂性的特点，同时，它又曾几经海浸和海退。每当被海浸时，它要接受来自周围隆起地带的物质沉积，加之市域内气候湿润、植物繁茂，为各种矿床的建造提供了丰富的物质来源与赋存的良好构造条件。重庆市市域的地质构造具有以下特点：①矿床多沿着构造线呈北东—南西向展布。②矿床种类较多，储量较大。重庆市市域探明储量较大的矿床有煤、天然气、铁、锶、电石用石灰石、石灰岩、石膏、硅石和石英砂等20多种。③主要矿产资源分布相对集中。南桐、綦江、荣昌、永川等地为煤的富集区。天然气田西起江津唐沱，东至大巴山麓，北到华登山，南达乌江口。铁矿主要集中在綦江等地，大型锶矿则集中在合川、铜梁等地。

重庆市市域地貌按其形态特征可分为平原、丘陵（缓丘平坝、浅丘、深丘）、山地三大基本类型。重庆市是一个山丘广布、平原狭小的地区。重庆市基本上可分为三大地貌组合区：①西部是以丘陵为主的地貌组合区；②东北部是以低山丘陵为主的地貌组合区。③南部是以中低山为主的地貌组合区。

重庆市市域气候的主要特征是：①冬暖夏热、春早秋短。重庆市年平均气温在16℃~18℃。与相近纬度的武汉、杭州、成都相比，除最热月温度低于武汉外，其余均偏高。其夏季最长，春季次之，秋冬季最短。②降水丰沛，时空分配不均。重庆市降雨量接近武汉，低于杭州，高于成都。

重庆市市域植被发育历史久远。印支运动以后，重庆市市域已有亚热带植物。此后，由于第四纪冰期时，重庆市市域未形成大陆覆盖冰川，加之地形复杂，因而成为许多植物的“避难所”。例如，缙云山迄今还保留着1亿6 000万年前的“活化石”水杉，以及无刺冠梨、伯乐树、飞蛾树等罕见植物，成为一座绿色宝库。重庆市市域植被深受人类活动的影响。在古代，重庆市市域森林茂密，但人类长期的砍伐、耕垦等活动，使大部分原始自然植被为次生植被与人工培育的农业植被所取代。

4.3.1.2　城市的形成与发展

重庆是一座历史悠久的古城。公元前12世纪末期，周武王封宗姬于巴，定都江州。巴和江州分别是重庆地区和重庆城最早的名称。巴国的辖区，据

《华阳国志·巴志》记载："其地东至鱼复（今奉节县），西至楚道（今宜宾县），北接汉中（今陕西南部），南极黔、涪（今彭水、黔江一带至贵州东北和湘西北等地）。"

战国周慎靓王五年（前316）之前，重庆地域及川东一带尚处在氏族部落阶段。所谓"巴人建国"，也不过是以地缘为纽带的部落联盟，巴子为其酋长，下有许多半独立的氏族和部族。他们战时联合出征，平时则各安疆自治。自公元前316年秦天巴国起直至1840年，在长达2 100多年的时期内，历代封建统治者在今重庆市市域建置过郡、州、府、县等行政区划。

秦始皇统一中国，分全国为36郡（后增至40余郡），巴郡居其一，下统江州、阆中、朐忍等5县。从西汉直至北周时期，重庆所属州名屡易。隋统一中国，改郡为州，实行州长二级制。重庆地区初沿用楚州名，因嘉陵江古称渝水，故改楚州为渝州，统巴、万寿、南平、江津和璧山五个县，直至唐、五代十国。下及宋代，重庆地区在北宋平蜀后，仍置渝州，隶西川路，统巴、江津、南平和璧山四个县。宋徽宗崇宁元年（1102），赵佶下召改渝州为恭州。南宋孝宗淳熙十六年（1189），赵惇封为恭王，遂将自己生辰九月初四定为"重明节"，以自诩"双重喜夫"，旋即升恭州为重庆府，是重庆得名之始。元朝，全国各地置行中书省，代行中央权力，下辖路、府、州、县。四川为行中书省之一，辖九路，重庆路为其一，辖一司（领巴县、江津和南川三个县），统四州。明朝，全国实行省、府、州、县四级行政建制。四川省共辖13府，重庆府为其一，府直辖巴（府治）、江津、璧山、永川、荣昌、大足、安居、綦江、南川、长寿和黔江11个县。此外，重庆府还兼领三州，即合州（领铜梁、定远二县）、忠州（领丰都、垫江二县）、涪州（领武隆、彭水二县）。清朝，全国实行省、府、州、厅及县等建置。四川领15府，重庆府即其一，计领一厅（江北厅）、二州（台州、涪州）、11县（原明府辖县安居划出，加入铜梁、定远）。

国民党统治时期，于1927年置重庆为特别市，于1929年将其改为四川省辖市。其基层行政区划，在1935年以前，仍沿厢坊制。重庆老城内7坊、新市区3坊、南岸4坊、汇北8坊，共22坊。抗日战争爆发后，1938年11月20日，国民党政府由南京西迁，定重庆为战时首都。1939年5月5日，又定重庆为直辖市，将全市划分为12个区，改联保为镇，受辖于区。1940年9月，国民党政府正式定重庆为"陪都"。中华人民共和国成立后，中央设西南军政委员会于重庆，定重庆为中央直辖市。1950年4月，重庆市人民政府将中华人民共和国成立前18个区合并为7个区并设北碚管理处；1951年10月，又将北碚划属川东行署。1952年10月，重庆市设五区（市中、沙坪坝、九龙坡、江北、南岸）一县

（巴县）。1953 年，又划巴县归江津专区，北碚划属重庆市。1954 年 4 月，经中共中央政治局扩大会议决定，撤销大区建制，并将川东、川南、川西、川北四个行署和西康省及重庆市合并为四川省，重庆成为省辖市。1983 年 4 月，为了进行经济体制改革，更好地发挥大城市、中心城市的作用，经中共中央和国务院批准，撤销永川专区，将所属江津、合川、潼南、铜梁、永川、大足、荣昌、璧山八县划归重庆市。1997 年 3 月 14 日，在第八届全国人民代表大会第五次会议上，审议通过了成立重庆直辖市的议案。1997 年 6 月 18 日，重庆市成为直辖市。

纵观重庆市市域行政建置的历史演变过程，可知它是一个重要的、比较稳定的地方行政中心。现在，重庆已成为长江上游、西南地区的经济中心之一，发挥着越来越重要的作用。

4.3.2 研究方法

近年来，重庆市出现了较为严重的环境污染问题，如大气污染、酸雨污染、水体污染、固体废弃物污染和噪声污染等，其中以大气污染最为严重（重庆市教育科学研究院，2012）。胡江霞等（2015）将系统动力学、协调度分析两种方法相结合，提出了适用于重庆市经济环境协调发展策略分析的新思路。徐彦（2018）运用向量自回归（VAR）模型，并建立脉冲响应和方差分解，对 1995—2015 年重庆市各污染指标和人均地区生产总值的关系进行了实证分析，为重庆市制定保护环境的对策措施提供理论依据。廖玉林（2017）运用系统动力学方法，研究了重庆市城镇化与生态环境协调发展的内在机理，并通过情境模拟对不同政策路径下重庆市城镇化与生态环境耦合协调发展度的演化趋势进行了分析。

以上研究成果，为后续相关研究提供了理论方法与实践指导，但是仍未对重庆市生态环境和经济社会系统发展水平与演进状态进行定量分析。鉴于目前对重庆市生态经济系统耦合协调发展研究主要集中于单纬度层面上，缺少系统综合的研究成果，本节以促进生态经济系统耦合协调发展为切入点，着力对 2008—2017 年重庆市生态经济系统耦合协调演进状态及未来动态变化进行探讨，旨在为重庆市建设生态城区、发展环保经济，增强核心竞争力及实现生态环境与经济社会的和谐发展提供参考。

4.3.2.1 指标体系的构建及数据来源

基于耦合协调发展度模型的特点，本节依据评价指标的代表性、可比性、客观性与层次性原则，借鉴已有指标体系研究成果，采用理论分析法确定评价指标，用生态环境和经济社会两大系统的发展能力来展现重庆市生态经济系统的持续发展状态。考虑到重庆市的资源、环境、经济、社会等状况，笔者在选择针对性强、使用频率较高指标的基础上，突出了表征城市环境现状的大气质量、水环境、声环境等因素及旅游资源丰度指数、产业结构演进系数等指标对生态经济系统运行的作用。鉴于数据的连续性、可获得性，笔者选取 32 项既相互联系又有区别的分指标构建多层次评价体系（见表 4.12），力求能够全面、准确地表现重庆市 2008—2017 年的生态经济系统耦合协调演进状态。

表 4.12　重庆市生态经济系统评价指标体系

系统	功能团	具体指标	单位	系统	功能团	具体指标	单位
X：经济社会系统	X_A：经济发展水平	X_1：经济密度	元/km^2	Y：生态环境系统	Y_A：生态环境发展水平	Y_1：人均水资源拥有量	m^3
		X_2：人均固定资产投资	元			Y_2：平均气温	℃
		X_3：产业结构高级化率	%			Y_3：平均相对湿度	%
		X_4：人均地方财政收入对人均地区生产总值的弹性系数	—			Y_4：森林覆盖率	%
		X_5：第三产业占地区生产总值的比重	%			Y_5：旅游资源丰度	—
		X_6：城市人均工业总产值	元			Y_6：单位面积粮食产量	hm^2
	X_B：城市人口发展能力	X_7：非农产业从业人口所占比重	%			Y_7：人均公用绿地面积	m^2
		X_8：人口自然增长率	%		Y_B：生态环境压力	Y_8：人均工业废水排放量	t
		X_9：大学生所占比重	%			Y_9：人均工业固体废物产生量	t
		X_{10}：科技人员所占比重	%			Y_{10}：人均工业废气排放量	m^3
	X_C：城市社会发展水平	X_{11}：人均住房面积	m^2			Y_{11}：噪声平均值	dB
		X_{12}：每万人拥有医生数量	人		Y_C：生态环境响应	Y_{12}：空气质量优良率	%
		X_{13}：人均道路面积	m^2			Y_{13}：工业固体废物综合利用率	%
		X_{14}：百户拥有移动电话数	部			Y_{14}：生活垃圾处理率	%
	X_D：空间城市化	X_{15}：建成区面积所占比重	%			Y_{15}：造林总面积	hm^2
		X_{16}：城市人口密度	人/km^2			Y_{16}：建成区绿化覆盖率	%

本节所用数据来源于 2009—2018 年重庆统计年鉴，2009—2018 年中国城市统计年鉴，2008—2017 年重庆市水资源公报，2008—2017 年重庆市环境状况公报，2008—2017 年重庆市国民经济和社会发展统计公报，国家 A 级旅游景区名录，以及重庆市旅游局、重庆市统计局、重庆市生态环境局、重庆市自然资源区、重庆市文化和旅游发展委员会官方网站及相关文献（王棚飞 等，2018；邹灵 等，2018；隆蓉 等，2018；孟小星 等，2003；夏茵茵 等，2015）的统计数据。重庆市经济社会系统和生态环境系统的评价指标体系数据标准化处理结果分别见表 4.13 和表 4.14。

表 4.13　2008—2017 年重庆市经济社会系统评价指标体系数据标准化处理结果

系统	功能团	具体指标代码	年份				
			2008	2009	2010	2011	2012
X	X_A	X_1	0	0. 054 6	0. 157 6	0. 311 4	0. 415 1
		X_2	0	0. 101 9	0. 229 3	0. 282 9	0. 412 2
		X_3	0	0. 215 0	0. 428 7	0. 499 5	0. 566 4
		X_4	−0. 338 9	−0. 644 1	−1	−0. 773 9	0
		X_5	0	0. 070 1	0. 359 5	0. 408 0	0. 251 1
		X_6	0. 066 7	0. 129 2	0	0. 400 9	0. 527 4
	X_B	X_7	0	0. 093 8	0. 212 5	0. 350 0	0. 462 5
		X_8	0. 821 3	0. 670 3	1	0. 914 9	0. 595 9
		X_9	0	0. 133 9	0. 278 3	0. 430 5	0. 623 3
		X_{10}	0. 004 7	0	0. 122 9	0. 225 2	0. 359 1
	X_C	X_{11}	0. 000 0	0. 290 1	0. 330 5	0. 349 1	0. 416 5
		X_{12}	0	0	0. 300 0	0. 300 0	0. 600 0
		X_{13}	0	0. 106 4	0. 045 6	0. 313 1	0. 443 8
		X_{14}	0	0. 119 1	0. 142 6	0. 357 9	0. 442 7
	X_D	X_{15}	0	0. 207 6	0. 403 9	0. 851 6	0. 706 4
		X_{16}	0	0. 142 2	0. 645 6	0. 577 9	0. 582 4
系统	功能团	具体指标代码	年份				
			2013	2014	2015	2016	2017
X	X_A	X_1	0. 516 8	0. 626 4	0. 734 6	0. 871 3	1
		X_2	0. 549 8	0. 701 5	0. 868 1	1	0. 994 5
		X_3	0. 698 0	0. 832 8	0. 874 6	0. 841 3	1
		X_4	−0. 597 0	−0. 542 2	−0. 553 9	−0. 171 2	−0. 095 2
		X_5	0. 310 8	0. 323 7	0. 566 4	0. 755 2	1
		X_6	0. 626 1	0. 745 9	0. 825 5	0. 923 3	1
	X_B	X_7	0. 575 0	0. 687 5	0. 806 3	0. 925 0	1
		X_8	0. 690 6	0. 742 2	0. 611 5	0. 821 3	0
		X_9	0. 740 8	0. 843 0	0. 917 1	0. 951 1	1
		X_{10}	0. 551 5	0. 579 7	0. 631 6	0. 863 8	1
	X_C	X_{11}	0. 656 0	1. 000 0	0. 920 7	0. 725 1	0. 941 0
		X_{12}	0. 400 0	0. 700 0	0. 800 0	0. 900 0	1
		X_{13}	0. 592 7	0. 702 1	0. 778 1	0. 872 3	1
		X_{14}	0. 586 3	0. 632 7	0. 753 2	0. 937 5	1
	X_D	X_{15}	0. 853 2	0. 907 9	0. 967 0	0. 851 0	1
		X_{16}	−0. 616 3	−0. 672 7	−0. 744 9	−0. 855 5	1

表 4.14　2008—2017 年重庆市生态环境系统评价指标体系数据标准化处理结果

系统	功能团	具体指标代码	年份				
			2008	2009	2010	2011	2012
Y	Y_A	Y_1	0.818 5	0.128 1	0.154 0	0.399 6	0.169 2
		Y_2	0.409 1	0.590 9	0.454 5	0.000 0	0.272 7
		Y_3	1	0.818 2	0.636 4	0.272 7	0.090 9
		Y_4	0	0.080 0	0.240 0	0.400 0	0.648 0
		Y_5	0	0.041 3	0.094 1	0.175 1	0.325 4
		Y_6	0.966 6	0.502 1	0.731 4	0	0.226 8
		Y_7	0	0.195 3	0.448 2	0.952 9	1
	Y_B	Y_8	−1	−0.963 2	−0.517 4	−0.374 4	−0.287 9
		Y_9	0	−0.021 2	−0.048 5	−0.736 4	−0.649 2
		Y_{10}	0	−0.915 2	−0.609 4	−0.500 9	−0.335 8
		Y_{11}	1	−0.900 0	−0.900 0	−0.600 0	−0.600 0
	Y_C	Y_{12}	0.684 1	0.729 0	0.790 4	0.886 9	1
		Y_{13}	0.630 6	0.680 3	0.721 1	0.412 2	0.802 7
		Y_{14}	0	0.646 6	0.896 6	0.965 5	0.939 7
		Y_{15}	0.003 6	0	0.054 8	0.051 1	1
		Y_{16}	0	0.371 4	0.671 4	0.614 3	1
系统	功能团	具体指标代码	年份				
			2013	2014	2015	2016	2017
Y	Y_A	Y_1	0.133 7	1	0	0.747 0	0.979 6
		Y_2	1	0.409 1	0.863 6	0.363 6	0.318 2
		Y_3	0	0.727 3	0.363 6	0.772 7	0.681 8
		Y_4	0.648 0	0.728 0	0.880 0	0.912 0	1
		Y_5	0.474 8	0.635 0	0.778 7	0.902 6	1
		Y_6	0.472 2	0.515 9	0.808 4	0.863 4	1
		Y_7	0.963 5	0.897 6	0.845 9	0.855 3	0.884 7
	Y_B	Y_8	−0.348 6	−0.378 4	−0.384 5	−0.154 6	0
		Y_9	−0.762 3	−0.801 8	−0.787 1	−1	−0.735 2
		Y_{10}	−0.549 9	−0.624 9	−0.597 0	−1	−0.498 6
		Y_{11}	0	−0.300 0	−0.200 0	−0.400 0	−0.100 0
	Y_C	Y_{12}	0	0.301 4	0.646 6	0.714 2	0.729 0
		Y_{13}	0.966 0	0.979 6	1	0.483 0	0
		Y_{14}	0.948 3	0.931 0	0.879 3	1	0.948 3
		Y_{15}	0.045 2	0.041 2	0.097 7	0.099 7	0.045 4
		Y_{16}	0.828 6	0.671 4	0.628 6	0.700 0	0.628 6

4.3.2.2　指标权重的确定

为避免权重确定的主观因素影响，本节使用改进的熵值法确定权重。确定指标权重的测算程序见 4.1 节式（4.1）到式（4.5）。通过计算，笔者得到 32 项指标的权重值（见表 4.15）。

表 4.15 重庆市生态经济系统耦合协调测度指标权重

系统	功能团权重	具体指标代码	权重	系统	功能团权重	具体指标代码	权重
X	X_A 0.395 8	X_1	0.076 5	Y	Y_A 0.504 4	Y_1	0.057 5
		X_2	0.079 8			Y_2	0.158 7
		X_3	0.034 5			Y_3	0.061 9
		X_4	0.075 8			Y_4	0.062 2
		X_5	0.052 9			Y_5	0.031 0
		X_6	0.076 3			Y_6	0.062 2
	X_B 0.263 4	X_7	0.056 9			Y_7	0.066 9
		X_8	0.067 2		Y_B 0.238 1	Y_8	0.056 9
		X_9	0.069 4			Y_9	0.064 8
		X_{10}	0.069 9			Y_{10}	0.055 9
	X_C 0.236 6	X_{11}	0.057 0			Y_{11}	0.060 5
		X_{12}	0.084 4		Y_C 0.261 5	Y_{12}	0.066 0
		X_{13}	0.053 1			Y_{13}	0.064 3
		X_{14}	0.042 1			Y_{14}	0.064 8
	X_D 0.104 3	X_{15}	0.057 5			Y_{15}	0.001 2
		X_{16}	0.046 8			Y_{16}	0.065 2

4.3.2.3 建立耦合协调发展度模型

此部分内容同 4.1 节内容一致，不再赘述。

4.3.3 结果与分析

笔者对 2008—2017 年重庆市生态环境和经济社会指标原始数据按照式（4.1）和式（4.2）进行标准化处理，利用式（4.3）到式（4.5）计算出 32 项指标的权重，通过式（4.6）到式（4.8）得出重庆市 2008—2017 年的生态经济系统的经济社会效益指数 $f(X)$、生态环境效益指数 $f(Y)$、生态经济系统综合效益指数 T、耦合协调发展度 D（见表 4.16）。

表 4.16 2008—2017 年重庆市生态经济系统耦合协调发展等级及具体类型

年份	$f(X)$	$f(Y)$	T	C	D	耦合协调发展等级	具体类型
2008	0.086 3	0.437 0	0.037 7	0.303 5	0.281 8	中度失调	$f(X)<f(Y)$，中度失调衰退类经济滞后型
2009	0.187 6	0.522 1	0.097 9	0.605 0	0.463 3	轻度失调	$f(X)<f(Y)$，轻度失调衰退类经济滞后型
2010	0.353 2	0.535 2	0.189 0	0.917 8	0.638 5	初级协调	$f(X)<f(Y)$，初级协调发展类经济滞后型
2011	0.454 4	0.455 0	0.206 7	0.999 9	0.674 3	初级协调	$f(X)<f(Y)$，初级协调发展类经济滞后型
2012	0.456 8	0.548 5	0.250 6	0.983 5	0.703 1	中级协调	$f(X)<f(Y)$，初级协调发展类经济滞后型
2013	0.591 2	0.592 9	0.350 5	0.999 9	0.769 4	中级协调	$f(X)<f(Y)$，中级协调发展类经济滞后型
2014	0.699 4	0.638 2	0.446 3	0.995 8	0.816 1	良好协调	$f(X)>f(Y)$，中级协调发展类环境滞后型
2015	0.768 8	0.668 8	0.514 1	0.990 3	0.843 7	良好协调	$f(X)>f(Y)$，良好协调发展类环境滞后型

表4.16(续)

年份	$f(X)$	$f(Y)$	T	C	D	耦合协调发展等级	具体类型
2016	0.860 4	0.595 8	0.512 6	0.935 0	0.825 1	良好协调	$f(X)>f(Y)$，良好协调发展类环境滞后型
2017	0.825 0	0.686 6	0.566 4	0.983 3	0.862 1	良好协调	$f(X)>f(Y)$，良好协调发展类环境滞后型

重庆市经济社会效益指数从2008年的0.086 3上升至2017年的0.825 0，呈现快速增长趋势，反映出经济社会子系统对生态经济系统良性发展的贡献能力不断提升，且为生态环境保育与治理提供了较好的资金、人才与技术支持。2008—2017年，重庆市的经济社会发展迅速，能够引领与辐射带动西南内陆地区的发展。以2000年为基年进行可比价计算，重庆市地区生产总值以年均14.36%的速度增长。2017年，重庆市第三产业占地区生产总值的比重达到49.05%，人均地区生产总值以13.35%的年均增长率提高；ESD从2008年的20.13上升到2017年的14.57。这说明重庆市产业结构演进渐趋合理，产业转型使一次能源消耗总量减少、工业污染减少、人居环境改善，有利于生态经济系统的协调发展及经济社会综合效益的提高。以新医药、新能源、新材料为主的重庆市重点优势产业快速发展，既节能环保又增加了经济社会效益。2008—2017年重庆市人口城市化率快速增长，城镇居民人均可支配收入的年均增长率为10.30%，农村居民人均纯收入的年均增长率为13.04%；经济社会综合效益指数平稳提升（见图4.14）。

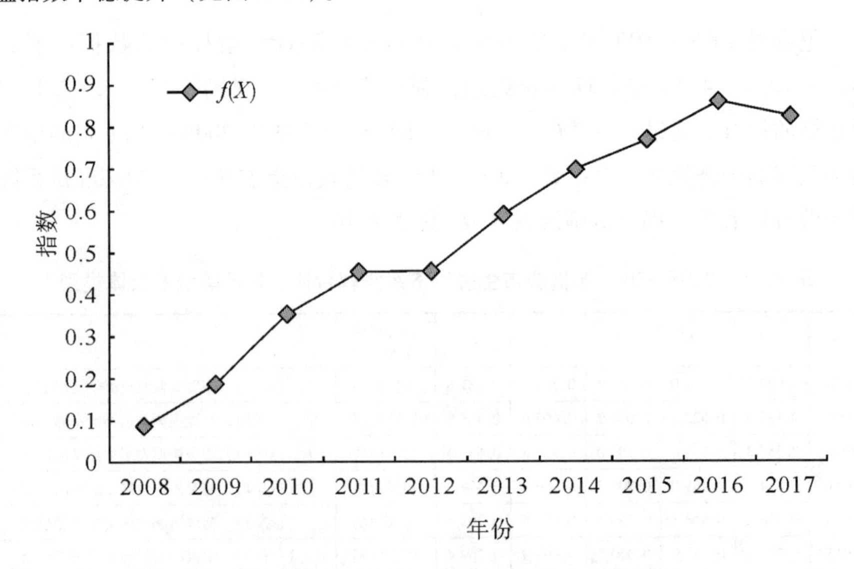

图4.14　2008—2017年重庆市经济社会效益指数

2008—2017 年，重庆市的生态环境效益指数从 0. 437 0 增长至 0. 688 8。图 4. 15 反映出重庆市生态环境支撑经济社会发展的能力由弱到强。在此，笔者结合面板数据进行分析，发现重庆市园林与建成区绿地面积逐年增加，降低了市区噪声污染，有效缓解了热岛效应；旅游资源丰度指数稳中有升，增强了城市生态系统的独立性、稳定性。但是，重庆市耕地资源总量逐年减少，地表水综合污染指数持续升高、水资源日益短缺，这些成为制约重庆发展的“瓶颈”。重庆市人均耕地面积由 2008 年的 0. 078 8 hm^2 下降到 2017 年的 0. 077 1 hm^2。面对基础资源日益短缺的困境，重庆市不断加大开发新能源的力度、重视环境保护，不断提高废弃物的综合利用率与无害化处理率，使其生态环境实现了综合效益最大化，呈现出快速增长的趋势。生态系统脆弱是重庆市典型的特征，重庆市资源环境演进的具体类型已经由经济滞后型转变为环境滞后型。重庆市的生态环境处于良性发展状态。

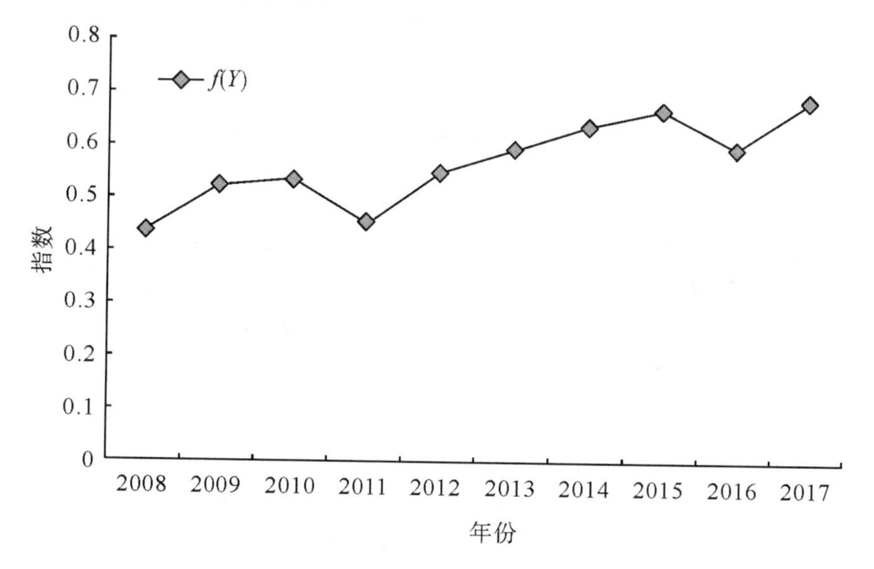

图 4. 15　2008—2017 年重庆市生态环境效益指数

2008—2017 年，重庆市生态经济系统综合效益指数虽然在 2016 年出现小幅下降，但在整体上呈现上升趋势（见图 4. 16），年均增长率达到了 35. 12%。从贡献率考虑，生态经济系统综合效益指数在 2013 年以前主要是生态环境要素占优势，此后逐渐让渡于经济社会要素。2008—2017 年重庆市产业结构多元化系数呈现上升趋势，这种趋势变化反映出重庆市将逐渐结束以消耗自然资源为基础促进经济社会快速发展的模式，产业结构演进趋于合理。总之，由于自然资源禀赋较好的区域的经济社会的发展一般是以消耗本区资源为代价的，因而其生态环境效益指数较大。测算结果表明，重庆市的发展已经转入了经济社会效益因素运行占绝对优势的阶段（见表 4.6）。

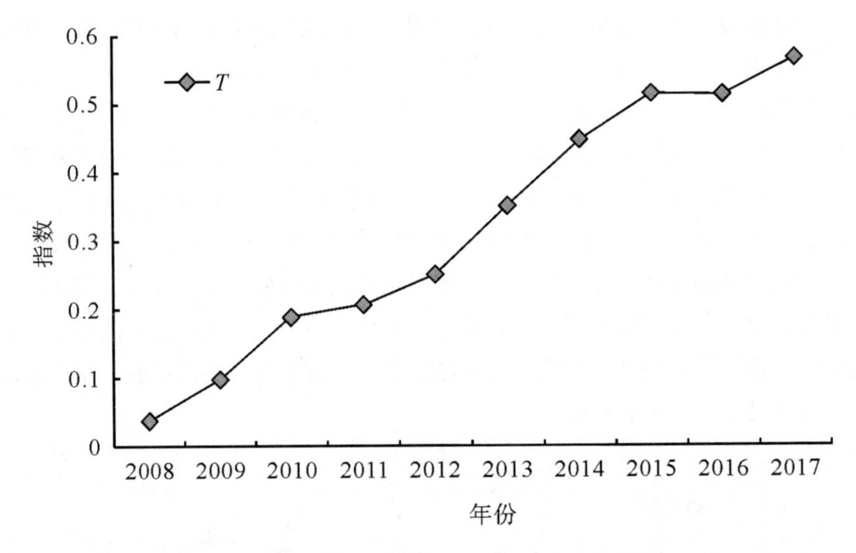

图 4.16　2008—2017 年重庆市生态经济系统综合效益指数

2008—2017 年，重庆市生态经济系统耦合协调发展水平呈现波动上升趋势（见图 4.17）。重庆市生态经济系统耦合协调发展度从 2008 年的 0.281 8 上升到 2017 的 0.862 1，年均增长率为 13.23%。重庆市生态经济系统耦合协调发展在 2008 年属于中度失调衰退类经济滞后型，在 2009 年属于轻度失调衰退类经济滞后型，在 2010—2012 年属于初级协调发展类经济滞后型，在 2013 年属于中级协调发展类经济滞后型，在 2014 年属于中级协调发展类环境滞后型，在 2015—2017 年属于良好协调发展类环境滞后型。2008—2017 年，重庆市生态经济系统耦合协调发展度呈现出较快增长的趋势，并实现了良好协调发展的目标。这与城市发展注重绿化与美化环境的有机结合是分不开的。由图 4.18 可知，2008—2017 年，重庆市生态经济系统耦合协调发展度与人均地区生产总值之间存在着一一对应关系；随着人均地区生产总值的逐年增加，复合耦合协调发展度表现出先下降后上升的二次曲线特征。

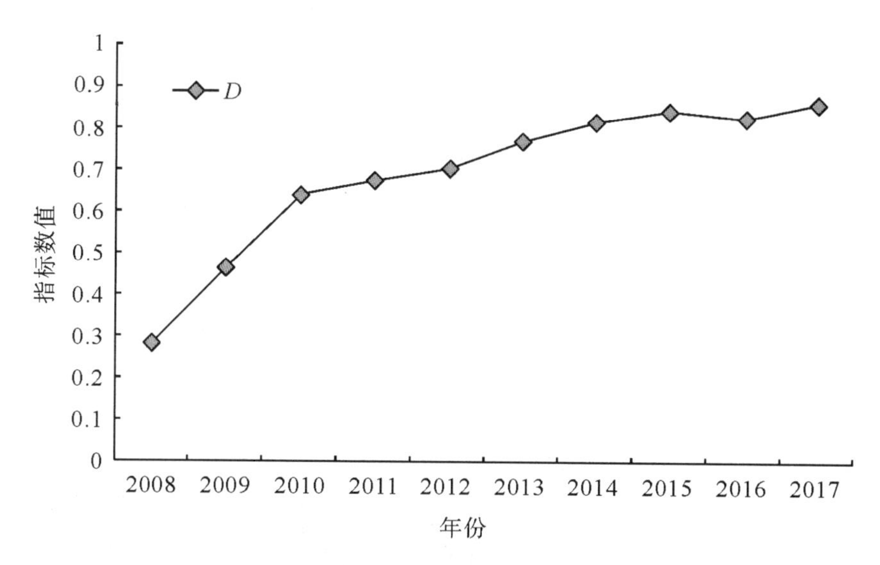

图 4.17　2008—2017 年重庆市生态经济系统耦合协调发展度

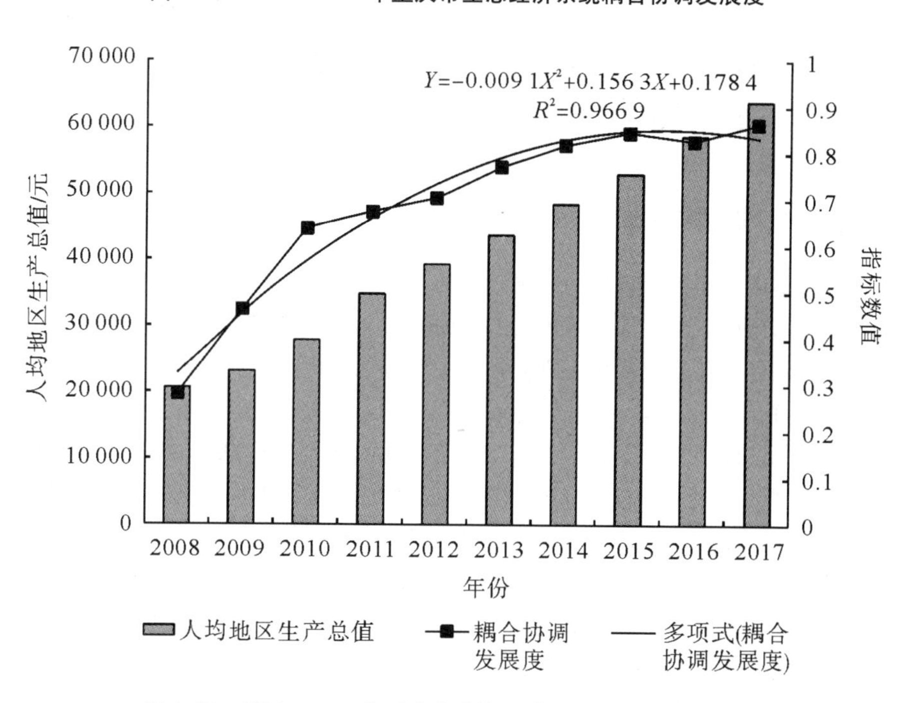

图 4.18　2008—2017 年重庆市生态经济系统耦合协调发展度随人均地区生产总值变化的关系

4.3.4 结论与对策

在本节，笔者从定量研究的角度出发，对 2008—2017 年重庆市生态经济系统演进态势进行分析，得出如下结论：

（1）重庆市生态经济系统耦合协调发展经历了“中度失调—轻度失调—初级协调—中级协调—良好协调”五个发展阶段。

（2）2008 年，重庆市生态经济系统耦合协调发展度为 0.281 8，属于中度失调；在 2017 年为 0.862 1，属于良好协调。这说明 2008—2017 年重庆市经济社会获得快速发展，生态环境与经济社会系统之间的矛盾逐渐缓解，实现了高层次的协调发展。

（3）2017 年，重庆市经济社会效益指数 $f(X)=0.825\,0$，生态环境效益指数 $f(Y)=0.686\,6$，耦合协调发展度 $D=0.862\,1$，$f(X)>f(Y)$，这表明重庆市生态经济系统的耦合协调发展属于良好协调类环境滞后型。

4.5 西南地区省会城市与直辖市生态经济系统耦合协调发展状况的比较分析

4.5.1 研究区概况

西南地区属于亚欧板块内中国板块的一部分，其地质构造、地层和岩性组成之复杂为国内罕见。该地区内岩溶区面积大，地质灾害严重，属于典型的生态环境脆弱区。从行政区域上划分，它主要包括四川省、贵州省、云南省、重庆市及西藏自治区，即“三省一市一区”。本区不仅是中国与南亚、东南亚诸国最重要的陆路通道，而且地处长江经济带与西部大开发的结合部，在全国经济社会发展的格局中具有十分重要的战略地位。目前，西南地区如何依托地缘优势，创新城市耦合协调发展路径，已经成为亟待解决的现实问题。

近年来，西南地区在国家宏观战略的支持下，在生态环境治理方面取得了显著的成效，其综合社会经济效益快速提升。特别是诸省的首府与直辖市城市化进程不断加快，带动了周边区域的发展，逐渐形成了大城市引领中小城市，中小城市带动重点城镇，现代工业推动现代农业，城（镇）乡一体工农互惠的发展模式（王志民，2015）。这对西南地区城市的耦合协调发展及其与中东部差距的缩小产生了积极作用。然而，长期以来，西南地区仍存在着经济发展相对落后、自然资源禀赋严重不足、城市化与脆弱的生态环境之间的矛盾日益加剧等问题。这些问题使该地区整合周边地缘资源、推动区域一体化进程延缓。

经济社会的快速发展促进了城市化进程，而城市化发展需消耗大量自然资源，对人与自然的耦合协调发展产生了一系列负面作用。这已受到众多学者的重视，他们曾在邢台、广州、银川等市域及河北、新疆等省域进行了实证研究，对城市生态经济系统发展水平进行了定量研究。但是，关于大区的城市生态经济系统演进状态的比较、互动研究成果较少。因此，本书试图将城市生态环境和经济社会作为既相互联系又彼此独立的两个复合子系统，以昆明市、成都市、贵阳市、重庆市为空间序列，以 2008—2017 年为时间秩序构建三维坐标体系，通过定量集成测度方法，对西南地区城市生态经济系统耦合协调发展态势进行比较、互动研究，以期为缓解快速发展的城市化与严峻的生态环境之间的尖锐矛盾提供理论依据和解决方法，为西南地区生态宜居城市的构建提供科学支撑。

4.5.2 研究区生态经济系统耦合协调发展状况评价

4.5.2.1 研究区生态经济系统耦合协调演进状态总体评价

笔者通过比较分析表 4.17 的数据，发现 2008—2017 年西南地区省会城市与直辖市生态经济系统耦合协调发展度呈现出较快增长的趋势：2014 年以来，重庆市生态经济系统达到了良好协调发展水平；2015 年以来，昆明市和成都市的生态经济系统达到了良好协调发展水平；2016 年以来，贵阳市生态经济系统先后达到了良好、优质协调水平。西南地区省会城市与直辖市的经济社会效益指数表现出较快增长的趋势，生态环境效益指数波动上升；两大子系统协同发展为生态宜居城市建设奠定了良好基础。2017 年，西南地区省会城市与直辖市的生态经济系统耦合协调发展均达到良好协调或优质协调水平；其中发展最优的是贵阳市，其次是昆明市，重庆市位居第三，成都市处于末位。从 2008—2017 年西南地区省会城市与直辖市生态经济系统耦合协调发展度的均值（见表 4.18）来看，在研究时段，昆明市的协调质量最高，其次是重庆市，成都市位居第三，贵阳市最差。西南地区省会城市与直辖市的生态经济系统综合效益指数呈现快速增长的趋势。其中，增长速度最快的是贵阳市，年平均增长率达到了 39.79%；而年均增长率最低的昆明市，仅为 27.52%。“新昆明”建设中提到发展交通中心、建设多个经济走廊、建成区域贸易交流中心等措施，这些措施将会提高昆明的经济社会发展水平。2008 年，昆明市生态经济系统耦合协调发展水平高于研究区其他城市；2011 年，昆明市生态经济系统耦合协调发展水平依然高于研究区其他城市，但年均增长率有所减慢；2014 年，昆明市生态经济系统耦合协调发展水平低于研究区其他城市；2017 年，昆明市生态经济系统耦合协调发展水平低于贵阳市。总体来看，2017 年，昆明市、成都市与重庆市生态经济系统耦合协调发展已达到良好水平，贵阳市生态经济系统耦合协调发展水平已达到优质发展水平。这主要是因为西南地区省会城市与直辖市的生态经济系统正处于快速演进的新阶段。城市经济快速发展，人口膨胀，特别是大量人口流动，使人类活动加剧；工矿企业增加，企业规模扩大，特别是乡镇企业数量剧增，使工业污染扩散；郊区农业化肥、农药使用量增加，规模养殖业不断扩大，使农业与农村面源污染加重；城市气候变异，自然生态系统脆弱，环境建设相对滞后，城市地表形态突变。以上因素导致目前研究区内的生态环境效益低于经济社会效益，且在很大程度上影响了城市生态经济系统的自身调节能力。

表 4.17　2008—2017 年西南地区省会城市与直辖市生态经济系统耦合协调发展水平

城市	年份	$f(X)$	$f(Y)$	T	C	D	$f(X)$ 和 $f(Y)$ 的对比	耦合协调发展等级
贵阳市	2008	0.090 7	0.366 2	0.033 2	0.404 8	0.304 1	$f(X)<f(Y)$	中度失调
成都市		0.074 5	0.521 4	0.038 8	0.191 4	0.238 8	$f(X)<f(Y)$	中度失调
昆明市		0.175 2	0.330 7	0.057 9	0.819 8	0.455 4	$f(X)<f(Y)$	轻度失调
重庆市		0.086 3	0.437 0	0.037 7	0.303 5	0.281 8	$f(X)<f(Y)$	中度失调
贵阳市	2009	0.215 0	0.395 5	0.085 0	0.832 7	0.504 2	$f(X)<f(Y)$	勉强协调
成都市		0.235 8	0.556 8	0.131 3	0.698 8	0.526 2	$f(X)<f(Y)$	勉强协调
昆明市		0.250 9	0.434 9	0.109 1	0.861 1	0.543 4	$f(X)<f(Y)$	勉强协调
重庆市		0.187 6	0.522 1	0.097 9	0.605 0	0.463 3	$f(X)<f(Y)$	轻度失调
贵阳市	2010	0.308 6	0.403 3	0.124 5	0.965 0	0.586 1	$f(X)<f(Y)$	勉强协调
成都市		0.364 2	0.613 6	0.223 4	0.874 1	0.653 7	$f(X)<f(Y)$	初级协调
昆明市		0.344 4	0.484 5	0.166 9	0.943 7	0.625 4	$f(X)<f(Y)$	初级协调
重庆市		0.353 2	0.535 2	0.189 0	0.917 8	0.638 5	$f(X)<f(Y)$	初级协调
贵阳市	2011	0.329 9	0.303 9	0.100 2	0.996 6	0.562 0	$f(X)>f(Y)$	勉强协调
成都市		0.483 3	0.468 5	0.226 4	0.999 5	0.689 7	$f(X)>f(Y)$	初级协调
昆明市		0.441 2	0.533 0	0.235 2	0.982 3	0.691 7	$f(X)<f(Y)$	初级协调
重庆市		0.454 4	0.454 9	0.206 7	1.000 0	0.674 3	$f(X)<f(Y)$	初级协调
贵阳市	2012	0.426 9	0.433 2	0.185 0	0.999 9	0.655 8	$f(X)<f(Y)$	初级协调
成都市		0.534 1	0.475 4	0.253 9	0.993 2	0.708 1	$f(X)>f(Y)$	中级协调
昆明市		0.377 7	0.573 3	0.216 5	0.917 2	0.660 4	$f(X)<f(Y)$	初级协调
重庆市		0.456 8	0.548 5	0.250 6	0.983 5	0.703 1	$f(X)<f(Y)$	中级协调

表4.17(续)

城市	年份	$f(X)$	$f(Y)$	T	C	D	$f(X)$和$f(Y)$的对比	耦合协调发展等级
贵阳市	2013	0.614 9	0.419 5	0.257 9	0.929 9	0.693 5	$f(X)>f(Y)$	初级协调
成都市		0.725 5	0.507 4	0.368 2	0.938 4	0.760 6	$f(X)>f(Y)$	中级协调
昆明市		0.537 4	0.494 3	0.265 6	0.996 5	0.717 0	$f(X)>f(Y)$	中级协调
重庆市		0.591 2	0.592 9	0.350 5	1.000 0	0.769 4	$f(X)>f(Y)$	中级协调
贵阳市	2014	0.670 2	0.559 4	0.374 9	0.983 9	0.777 7	$f(X)>f(Y)$	中级协调
成都市		0.761 7	0.458 4	0.349 1	0.880 2	0.732 8	$f(X)>f(Y)$	中级协调
昆明市		0.539 5	0.507 0	0.273 5	0.998 1	0.722 7	$f(X)>f(Y)$	中级协调
重庆市		0.699 4	0.638 2	0.446 3	0.995 8	0.816 1	$f(X)>f(Y)$	良好协调
贵阳市	2015	0.716 4	0.569 8	0.408 2	0.974 2	0.791 5	$f(X)>f(Y)$	中级协调
成都市		0.810 8	0.614 3	0.498 1	0.962 4	0.828 1	$f(X)>f(Y)$	良好协调
昆明市		0.643 5	0.684 7	0.440 6	0.998 1	0.814 1	$f(X)<f(Y)$	良好协调
重庆市		0.768 8	0.668 8	0.514 1	0.990 3	0.843 7	$f(X)>f(Y)$	良好协调
贵阳市	2016	0.813 1	0.722 9	0.587 8	0.993 1	0.873 3	$f(X)>f(Y)$	良好协调
成都市		0.672 7	0.659 2	0.443 4	0.999 8	0.816 0	$f(X)>f(Y)$	良好协调
昆明市		0.720 8	0.623 2	0.449 2	0.989 5	0.815 4	$f(X)>f(Y)$	良好协调
重庆市		0.825 0	0.686 6	0.566 4	0.983 3	0.862 1	$f(X)>f(Y)$	良好协调
贵阳市	2017	0.906 1	0.746 9	0.676 8	0.981 5	0.900 7	$f(X)>f(Y)$	优质协调
成都市		0.794 3	0.595 7	0.473 2	0.959 6	0.816 6	$f(X)>f(Y)$	良好协调
昆明市		0.820 2	0.629 7	0.516 5	0.965 8	0.836 8	$f(X)>f(Y)$	良好协调
重庆市		0.860 4	0.595 8	0.512 6	0.935 0	0.825 1	$f(X)>f(Y)$	良好协调

表4.18　2008—2017年西南地区省会城市与直辖市生态经济系统耦合协调发展度的均值

城市	D的均值
贵阳市	0.664 9
成都市	0.677 1
昆明市	0.688 2
重庆市	0.687 7

4.5.2.2　研究区生态经济系统耦合协调发展互动评价

笔者通过分析表4.17、表4.18，能够判断生态环境因素对昆明市的生态经济系统综合效益的影响较大。昆明市、重庆市、成都市、贵阳市的相关数据均显示出生态环境因素对生态经济系统运行的贡献作用已经弱化，这说明经济社会快速发展的需求同日益贫乏的生态环境基础之间的矛盾已经成为生态经济系统运行的主要矛盾。这与西南地区城市化进程加快、经济社会快速发展有着密切联系。但难能可贵的是，在经济社会快速发展的同时，贵阳市能够实现生态经济系统优质协调发展。

昆明市、成都市与重庆市生态经济系统耦合协调发展经历了五个发展阶段，并达到了良好协调发展水平；贵阳市生态经济系统耦合协调演进经历了六个发展阶段，达到了优质协调发展水平。2008—2017 年，西南地区省会城市与直辖市生态环境效益呈现较快增长的趋势，其中年均增长率排序依次为成都市（14.64%）、贵阳市（12.82%）、重庆市（12.01%）与昆明市（6.99%）。笔者通过对 2008—2017 年西南地区省会城市与直辖市生态经济系统耦合协调发展度均值进行比较，结果发现：昆明市（0.688 2）发展水平最高，重庆市（0.687 7）次之，成都市（0.677 1）位居第三，贵阳市（0.664 9）最差。2017 年，贵阳市生态环境发展效益最好，成都市与重庆市较差。笔者结合 2017 年耦合协调发展水平排名进行分析，发现昆明市相对于成都市与重庆市，已表现出资源优势衰退的发展倾向，这对“新昆明”建设具有明显的制约作用。

针对以上分析，西南地区省会城市与直辖市在今后一段时期应该做出以下努力：第一，高效开发可再生与可更新资源，减少环境运行负荷；第二，加强环境综合治理，改善人居环境，创建生态宜居城市；第三，培育战略性新兴产业，加快新型工业化进程；第四，积极融入“一带一路”倡议，与周边区域做好资源的开发与利用。

总之，在西南地区省会城市与直辖市生态经济系统耦合协调发展的新阶段，各地应充分利用各自在“一带一路”倡议中所拥有的地缘优势，努力实现本地区经济、社会结构和资源环境的协同。同时，各地有必要积极借鉴贵阳的人地协调范式，实施优化策略，建设生态宜居城市，为达到本区生态经济系统优质协调发展的目标，奠定强有力的资源环境基础。

4.5.3 结论

本节运用定量研究方法，对西南地区省会城市与直辖市生态经济系统耦合协调发展态势进行比较、互动研究。研究结果表明：西南地区省会城市与直辖市生态经济系统协调演进呈现“衰退—过渡—发展”的趋势，均经历了“初级协调—中级协调—良好协调”的阶段。2008 年以来，西南地区省会城市与直辖市生态经济系统总体发展水平呈现稳定上升趋势，处于可持续发展状态；2017年，西南地区省会城市与直辖市生态经济系统总体发展水平达到了良好或优质协调水平，但发展类型属于协调发展类环境滞后型。为建设生态宜居城市，昆明市需借鉴贵阳市生态经济系统耦合协调发展的范式。

综上，西南地区省会城市与直辖市2017年生态经济系统达到了耦合协调发展的较高阶段，处于可持续发展状态，但仍面临严峻挑战。未来，各地在积极融入“一带一路”倡议的进程中，如何实现城市经济社会发展和自然资源禀赋的互补，为国家宏观战略做好支撑将是一个重要的研究课题。因此，昆明市在今后城市化进程中，要发挥“桥头堡”战略中心城市的带动作用，促进滇中城市群的崛起，为云南省经济社会发展提供示范与借鉴。此外，昆明市应该借鉴贵阳市、成都市与重庆市人地协调的范式，在生态环境与生态安全屏障方面采取科学应对策略，以实现生态经济系统朝着优质协调方向发展。

影响城市生态环境和经济社会两大系统耦合协调运行的因素有很多，鉴于数据资料的可得性，本书构建的指标体系是否具有普遍性，有待进一步探索、研究。另外，关于西南地区省会城市与直辖市所辖县区行政单元的生态经济系统的定量评价，本书没有涉及。对于以上问题，笔者将在今后继续探索。

4.6 本章小结

本章在突出表征城市生态环境与经济社会因素相互作用的基础上，构建了生态经济系统实证评价指标体系，通过运用耦合协调发展度模型与改进的熵值法，对2008—2017年成都市、贵阳市、重庆市生态经济系统耦合协调发展进行分析并对2008—2017年昆明市、成都市、贵阳市与重庆市生态经济系统耦合协调演进状态进行分析与比较。

总之，笔者通过对西南地区省会城市与直辖市生态经济系统耦合协调发展状态进行比较，发现昆明市生态经济系统耦合协调发展整体水平较高，但距优质协调发展目标尚有一定距离。笔者通过分析生态经济系统可持续发展的影响因素，认为昆明市需不断创新发展路径，优化发展策略。

第5章 昆明市生态经济系统耦合协调发展面临的主要问题与优化策略探讨

笔者通过对昆明市生态经济系统耦合协调发展态势的评价、预测、分析，以及将其与西南地区其他省会城市和直辖市进行比较，发现昆明市生态经济系统处于良好协调的发展阶段，属于环境滞后型，未达到优质协调的发展目标。现在，适逢国家支持云南“桥头堡”战略与滇中经济区、南昆经济区、昆河经济走廊、昆曼经济带、泛珠江三角区域的开发建设的关键时期，昆明市作为门户枢纽、商贸中心，其生态经济系统实现更高层次的协调发展非常重要。但是，从前文的研究中可知，昆明市生态经济系统存在的问题非常突出。

5.1 昆明市生态经济系统耦合协调发展面临的主要问题

笔者主要从昆明市城市总体规划与城市职能的定位及抑制城市可持续发展的基础要素入手，分析其生态经济系统中存在的问题。

5.1.1 水资源短缺，水环境形势严峻

由于昆明市水资源短缺，水体稀释自净能力低，因而其水环境保护面临较大的潜在威胁。同时，水资源短缺造成生态用水不足，使河流、湖泊的自净能力大大降低，滇池营养化程度升高，水葫芦、蓝藻暴发性繁殖，水生动植物从种类、分布、数量与演替皆发生较大变化。昆明市主要湖泊河流污染严重。在汇入滇池的河流中，污染物主要以有机污染为主，有含氮化合物、磷酸盐、需氧污染物、氨气、高锰酸钾和重铬酸钾等。每年都有大量污水及污染物排入地表水域且呈逐年增加的趋势，使得昆明市地表水污染严重。滇池、阳宗海为劣

Ⅴ类水质，远远超过Ⅲ类水的功能要求。滇池营养状态属于中度富营养状态，主要污染指标为氨氮、总氮、总磷等。此外，昆明市主要城市集中水源地水质下降。在昆明市的26个集中式饮用水水源地中，仅白龙潭、云龙水库及清水海为Ⅱ类水，达到水质保护目标要求。以上问题制约了昆明市生态环境效益指数的提高，对昆明市生态经济系统耦合协调发展产生了负面影响。

5.1.2 农村面源污染日趋严重，生态环境质量下降

随着昆明市城镇化进程的加快，城区工业逐渐向郊区迁移，工业污染、生活垃圾污染与农村面源污染已严重制约着农村生态环境可持续发展与生态文明建设进程，特别是农村面源污染日趋严重。昆明市滇池流域种植业、养殖业十分发达，畜禽养殖粪便及过量使用化肥造成的污染已经成为滇池水域重要的污染因素；村庄环境“脏、乱、差”问题突出。昆明大部分农村由于缺乏生活污水与垃圾的收集和处理设施，因而其生活污水得不到有效治理，畜禽粪便、生活垃圾、作物秸秆及其他废弃物任意堆放或倾倒的现象得不到控制，水塘、沟渠成为污水池与垃圾堆放场所。从全局考虑，农村生态环境是昆明市可持续发展的重要组成部分，其质量下降对昆明市国家园林城市的创建有着较大的负面影响，给昆明市的可持续发展带来了严峻挑战。

5.1.3 城镇化发展速度快，环境压力不断增大

昆明市全域城市化率在2010年为64.00%，在2013年达到了67.02%，在2015年为70.05%。昆明市城镇化率明显高于云南省与全国平均水平，正处于城市化加速发展的阶段。但是，城市化水平的快速提高给城市的资源与环境也带来了严峻的挑战，主要表现在对资源的需求持续增加，尤其是对土地、水、能源等资源的需求，这将进一步加剧昆明市在水资源、土地资源及能源等方面的供需矛盾，尤其是基本建设占地与农田保护之间的矛盾。随着人们消费水平的提高，污染物的排放量大幅增加，特别是大量的机动车辆，将使昆明市的城市空气质量改善面临着严峻挑战。

5.1.4 城镇人口较快增长带来的负面影响

昆明市是云南省最发达的地区，也是人口密度最大的区域。2008年，昆明市人口总量为623.90万人，其中城镇人口为255.80万人；2017年，昆明市人口总量为678.30万人，其中城镇人口为488.70万人。伴随着人口的不断增长，水资源和土地资源的需求也不断增加。为满足人类活动的正常需要，人类

不得不加大对水资源、土地资源的开发力度及对生态敏感区与生态脆弱区的干扰和破坏。由此可以看出，人口的增长对昆明市的可持续发展产生了重大威胁。

作为中国西部地区重要的新兴工业基地、湖滨生态宜居城市、国家园林城市，昆明市发挥着中心城市的带动作用，并通过滇中城市群的辐射作用，为云南省经济社会发展提供了示范与借鉴。基于昆明市生态环境与经济发展中存在的突出问题，结合前文的分析结果及昆明市生态经济系统耦合协调发展的主要矛盾，笔者对优化其生态经济系统提出策略。

5.2 昆明市生态经济系统耦合协调发展的优化策略

5.2.1 优化生态环境的策略

笔者提出如下优化昆明市生态环境的策略：

（1）《国务院关于支持云南省加快建设面向西南开放重要桥头堡的意见》提到加快推进“牛栏江—滇池”补水工程建设，这对于降低昆明市干旱脆弱性的等级有着一定的积极意义。昆明市应采取适度开发与保护并重的策略，做好开源节流工作，以实现昆明市生态经济系统的可持续发展。

（2）《国务院关于支持云南省加快建设面向西南开放重要桥头堡的意见》提到使昆明成为全国重要的旅游、新能源基地与以生物为重点的区域性资源深加工基地。从城市自然资源的丰度来看，昆明市的自然资源与生物资源储量可观，潜力巨大。若昆明市能有效地利用太阳能、风能、沼气、地热资源，减少经济社会发展对非可再生资源的依赖，将有利于促进其生态经济系统的耦合协调发展。

（3）《国务院关于支持云南省加快建设面向西南开放重要桥头堡的意见》指出将形成滇中昆明国际旅游休闲区。基于此，昆明市应强化科技、民族文化等非物质类要素在环境保护方面的贡献能力，以实现昆明市生态环境的园林化、宜人化、家园化。

（4）结合《国务院关于支持云南省加快建设面向西南开放重要桥头堡的意见》指出的“继续推进水污染防治”措施，笔者建议昆明市相关部门制定切实可行的水源区教育补偿条例，通过提高人口素质，鼓励青少年自觉转移到非水源区学习、生活和就业，以解决水源区人口数量减少、农村环境污染等问题，从而实现城市水系统安全及生态环境可持续发展的目标。

5.2.2 优化经济社会发展的策略

笔者提出如下优化昆明市经济社会发展的策略：

（1）由于昆明市花卉、旅游、新医药、新能源等产业前景好，因而笔者建议昆明市将有色冶金、钢铁、化工的传统工业发展与生态化经济战略结合起来。

（2）昆明市应调整经济结构，以发展循环经济为理念，将“再利用、减量化、再循环”理念作为人地系统运行的原则。

（3）昆明市应在实现城市生态空间功能、生产空间功能和生活空间功能的布局优化与协调统一发展上下功夫，并使“三生”空间规划符合“两型社会”发展的需求，为云南省国土空间布局提供示范。

（4）昆明市应推动郊区生态环境建设，因地制宜进行水源涵养保护建设，增强饮用水源地抗外部干扰能力；完善和落实饮用水源地生态补偿与教育补偿相结合的措施，提升水资源持续利用能力。

（5）云南滇中新区产业布局提出实施“533”产业发展战略的规划，即汽车及高端装备、石化、新材料、电子信息、生物医药5大高端制造业集群，高端商务和总部经济、商贸及现代物流、旅游和健康服务3大现代服务业集群，安宁工业园区、杨林经开区、空港经济区3大千亿级产业园区平台。基于此规划，结合研究结果，笔者认为，昆明市应不断优化产业集群布局，打造西部高端制造业集群、服务业集群与产业园区平台协同发展的示范性基地，并使之成为提升昆明市经济高质量发展的新增长极。同时，昆明市应通过现代生态旅游与康养产业发展提升健康城市与生态文明水平，实现昆明市生态经济系统高水平耦合协调发展。

（6）云南滇中新区的战略定位之一为云南“桥头堡”建设重要经济增长极。基于此战略，笔者认为，昆明市应不断优化资源型产业转型升级示范基地与绿色先进制造基地，不断增强城市绿色发展效能，进而促进云南滇中新区乃至云南省城市经济社会与生态环境的均衡发展。

5.3 对“桥头堡”建设的启示

从以上分析可以看出，昆明市生态经济系统的开发受到一定的制约。昆明市的可持续发展不仅关系到当地经济发展和人们生活水平的提高，而且也与

“桥头堡”战略的实施相关。为了实现生态环境系统的良性循环，提高可再生资源的能值承载力，达到昆明市高层次可持续发展的目标，笔者认为本书所做研究对“桥头堡”建设有着重要启示作用，昆明市可在以下方面做出努力：

（1）高效开发可再生资源，减少环境负荷。昆明市拥有丰富的太阳能、沼气、生物质能、风能等可再生资源，将这些资源作为重点进行开发，不断提高其利用效率，有着很好的前景。从能值足迹的组成考虑，这些资源的有效开发能够减少污染物排放，既能保护环境、减少生态压力，也能减少人类向自然索取更多不可再生能源。

（2）加强环境综合治理，构建生态安全屏障。在“桥头堡”建设中，昆明应重点推进滇池流域及水源区生态环境建设，加快植树造林的步伐，提高森林覆盖率。生态环境质量的提高，有利于其提供更大的生态容量，促进自然资本收入的增加，使城市的消费模式的发展与城市的可持续发展呈正相关关系。

（3）培育战略性新兴产业，加快推进新型工业化进程。“桥头堡”建设使云南成为我国大西部新的增长极，这离不开现代工业基础的支撑。昆明处于核心位置。昆明应重点发展新材料、新能源、天然药物及科技含量高、经济效益好、资源消耗低、环境污染少的战略性产业。

5.4 本章小结

本章在定量评价与互动分析的基础上，探讨了昆明市生态经济系统发展面临的主要问题，并提出了昆明市生态经济系统耦合协调发展的优化策略，为昆明市及西南地区其他省会城市、直辖市生态城市与生态文明建设提供有益参考。

昆明市生态经济系统耦合协调发展水平测度结果及其与西南地区其他省会城市、直辖市的互动分析，对于“桥头堡”建设及滇中新区经济社会发展有着重要启示作用。

第6章　主要结论、本研究的不足及展望

6.1　主要结论

笔者按照“选取指标—收集数据—处理数据—构建模型—确立标准—评价结果”的路径对昆明市生态经济系统耦合协调演进态势进行分析，基于已有调研数据对2018—2022年昆明市人均农用地面积与总人口进行预测，得出如下结论：

（1）昆明市生态经济系统耦合协调经历了“轻度失调—勉强协调—初级协调—中级协调—良好协调”五个阶段，发展轨迹是螺旋式上升。昆明市生态经济系统耦合协调发展的主要矛盾表现为经济社会快速增长的需求同日益贫乏的生态环境基础之间的矛盾。

（2）昆明市耦合协调发展度在2008年为0.455 4，属于轻度失调；在2017年为0.836 8，属于良好协调；经济社会效益指数在10年内增长了约368.15%，生态环境效益指数增长了约1倍。这说明昆明市经济社会获得快速发展的同时，人地关系矛盾得到缓解，生态经济系统实现了较高层次的协调。

（3）2017年，昆明市生态经济系统属于良好协调发展类环境滞后型。2007年以来，昆明生态经济系统耦合协调发展度与人均地区生产总值之间存在着一一对应关系，说明了城市生态环境与经济社会两大子系统互为促进，实现了高水平的耦合协调发展。

（4）以西南地区省会城市与直辖市为比较对象，笔者发现昆明市生态经济系统耦合协调发展在该区域处于上游水平，其耦合协调发展度在西南地区的位次与地区生产总值排名是基本同步的。昆明市有必要借鉴排名相对靠前的贵阳市的人地协调发展的模式。

（5）从情景预测结果看，2018—2022 年，昆明市的总人口年均增长率为 1.00%，人均农用地面积年均递减率为 6.49%。这说明昆明市人口增长率过高，且耕地的减少速度快于人口增长速度。虽然这两者的变化不能与生态经济系统耦合协调发展度建立定量的因果关系，但足以说明“桥头堡”战略的实施与滇中经济区的规划对未来昆明人多地少的矛盾的缓解有一定的作用。因此，昆明应采取科学的调适策略，使其生态经济系统朝着优质协调的目标发展。

（6）本研究对“桥头堡”建设有着重要启示，主要表现在以下三个方面：高效开发可再生资源，减少环境负荷；加强环境综合治理，构建生态安全屏障；加快推进新型工业化进程，培育战略性新兴产业。

6.2 本研究的不足

本研究运用耦合协调发展度模型、改进的熵值法及灰色预测模型，对昆明市 2008—2017 年生态经济系统耦合协调发展演进态势进行诊断与评价，对其 2018—2022 年人口总量与人均农用地面积进行预测，得出了科学的研究结论。从实践上讲，以上模型与方法运用较为成熟，在实证研究中的运用频率也高，但将改进的熵值法运用在城市生态经济系统耦合协调发展评价中以确定权重值的例子尚少。笔者从理论上考虑，将以上方法与模型相结合，克服了传统权重值标准不一、主观性较强的缺陷，并通过科学计算与咨询专家学者及政府部门工作人员优化了评价指标体系。通过将昆明市与西南地区其他省会城市与直辖市生态经济系统复合耦合协调发展度进行比较研究，可以判断，该研究结论较为客观地反映了 2008—2017 年昆明市生态经济系统耦合协调发展的真实状况，研究结果对于优化昆明市生态环境与经济社会系统协调发展、进行“桥头堡”建设具有一定借鉴价值。

但是，本研究在分析与评价过程中存在不尽全面与深入之处，由于基础数据资料欠缺，特别是没有获得拉萨市生态经济系统数据，因而有关西南地区省会城市的研究存在不全面之处。本书所构建的指标体系所反映的生态经济系统耦合协调发展度没有精确到县（区），这限制了对昆明市生态经济系统耦合协调的空间格局进行分析。另外，本研究构建的评价指标体系，尽管参考了许多权威期刊的研究成果和众多专家的宝贵意见，但还是有不精准与不完善之处，特别是定性研究还不够深入。以上不足之处相信笔者今后一定能够通过刻苦钻研得以解决。

6.3 研究展望

根据目前国内外关于城市生态经济系统耦合协调发展理论的研究情况，结合笔者在本书写作过程中对城市生态经济系统耦合协调发展问题的思考，笔者认为本研究受到研究数据和个人能力的限制，对该问题的理解和认识主要是集中在定量研究的层面上，对于城市经济状态的判断、各要素之间的相互作用方式和相互作用产生的经济效益等没有进行深入研究，对现实情况的量化分析和定性总结还不够深入。随着自然科学和社会科学的不断发展，人们对于复杂系统的认知能力在不断提高，新的理论和研究手段可以运用到城市生态经济系统耦合协调发展问题的研究中，促使该问题的研究逐步走向深入。今后的理论研究可以从以下方面展开：

第一，城市生态经济系统耦合协调发展的方法论研究。对任何问题的理论研究都离不开方法论，即研究的哲学基础，城市研究也不例外。如何将诸多学科的最新成果运用到城市生态经济系统耦合协调发展问题的研究中，从全新的角度、更高的层次上看待城市耦合协调发展问题，对生态经济系统耦合协调发展问题的研究和解决具有重要意义。

第二，城市生态经济系统耦合协调发展的博弈研究。博弈论是一种研究人与人之间如何相互作用并相互影响的决策科学。在城市经济发展过程中，将每个城市利益主体行为看作不完全信息条件下的博弈局中人，能够更好地解释城市主体的行为特征和城市经济秩序的形成，为城市生态经济系统耦合协调发展问题的研究提供新思路。

第三，有关互联网技术发展与城市生态经济系统耦合协调发展的关系的研究。西方主流经济学认为分工创造财富，但分工使协调问题变得突出，而融合是互联网的本质特征之一。互联网在自组织过程中可以起到耦合协调作用，降低交易成本，促进分工发展，创造出经济价值。互联网技术的发展，使人们可以更好地收集信息，相互交流。系统之外的其他组织力量也可以借助互联网技术的发展更好地进行经济协调活动。因此，从互联网特征入手分析城市生态经济系统耦合协调发展的影响，是一个值得深入探讨的领域。

第四，城市生态经济系统耦合协调政策的实证研究。目前，有关城市生态经济系统耦合协调发展的政策研究缺乏具有可操作性的方案和措施，因而有必要在理论研究的基础上开展更为具体的实证研究，在实证研究的基础上提出更科学、更具有操作性的耦合协调政策，实现城市的可持续发展。

6.4 本章小结

本章基于昆明市生态经济系统耦合协调发展评价结果、昆明市与西南地区其他省会城市及直辖市生态经济系统耦合协调发展互动分析结果、昆明市生态经济系统耦合协调发展优化策略，对昆明市2008—2017年的生态经济系统耦合协调发展演进过程与发展水平进行归纳与总结。在此基础上，笔者分析了本研究的不足，并对后续研究进行了展望。

本研究不仅为云南“桥头堡”建设与滇中新区发展提供资源开发、生态屏障构建、生态文明建设等方面的有益借鉴，也为进一步调适西南地区省会城市、直辖市人地关系提供有益探索。

本研究所用模型和方法已相对成熟，也适用于对中小城市生态经济系统耦合协调发展进行分析。因此，笔者在附录部分增加了对清水江流域城市与全域生态经济系统耦合协调发展水平进行测算与评价的案例分析。

参考文献

ALLAN G, HANLEY N, MCGREGOR P G, et al., 2007. The impact of increased efficiency in the industrial use of energy: a computable general equilibrium analysis for the United Kingdom [J]. Energy Economics, 29 (4): 779-798.

ANDREONI J, LEVINSON A, 2001. The simple analytics of the environmental Kuznets curve [J]. Journal of public economics (80): 269-286.

ANTROP M, 2004. Landscape change and the urbanization process in Europe [J]. Landscape and urban planning (6): 9-26.

ASICI A A, 2013. Economic growth and its impact on environment: a panel data analysis [J]. Ecological Indicators, 24: 324-333.

AL-KHARABSHEH A, TA'ANY R, 2003 . Influence of urbanization on water quality deterioration during drought periods at South Jordan [J]. Journal of arid environments, 53 (4): 619-630.

ALLAN G, HANLEY N, MCGREGOR P G, et al., 2007. The impact of increased efficiency in the industrial use of energy: a computable general equilibrium analysis for the United Kingdom [J]. Energy Economics, 29 (4): 779-798.

CHERP A, KOPTEVA I, MNATSAKANIAN R, 2003. Economic transition and environmental sustainability: effects of economic restructuring on air pollution in the Russian Federation [J]. Journal of environmental management, 68 (2): 141-151.

DENG J L, 1989. Introduction to Grey System Theory [J]. Journal of Grey Systems (1): 1-24.

FENG C C, YANG Z W, 1998. A review of land use theory research in European and American cities [J]. Urban Planning International (1): 2-9.

GROSSMAN G M, KRUEGER A B, 1995. Economic growth and the environment [J]. The quarterly journal of economics, 10 (2): 353-377.

GREEN D M, BAKER M G, 2002. Urbanization impacts on habitat and bird communities in a Sonoran desert ecosystem [J]. Landscape & Urban Planning, 63 (4): 225-239.

HARTWICK J M, 1990. Natural resources, national accounting and economic depreciation [J]. Journal of public economics (4): 291-304.

HANLEY N, MCGREGOR P G, SWALES J K, et al., 2009. Do increases in energy efficiency improve environmental quality and sustainability? [J]. Ecological economics, 68 (3): 692-709.

HAGAN M T, DEMUTH H B, BEALE M, 1996. Neural network design [M]. Boston: PWS Publishing Co.

HUANG C Q, PENG H J, 2014. Research on formation, influence and regulation of eco-environmental frangibility of recreation area of urban islets in river [J]. Mechanical engineering, materials and information technology, 662: 121-124.

KUG J S, AHN M S, 2013. Impact of urbanization on recent temperature and precipitation trends in the Korean peninsula [J]. Asia-pacific journal of atmospheric sciences, 49 (2): 151-159.

PARIKH J, SHUKLA V, 1995. Urbanizantion, energy use and greenhouse effects in economic development [J]. Global environmental change, 5 (2): 87-103.

LUDERMIR A B, HARPHAM T. Urbanization and mental health in Brazil: social and economic dimensions [J]. Health & Place, 1998, 4 (3): 223.

LIAO M Z, 2005. Basic research on compensative value for compulsory education [J]. Theory and practice of education, 25 (5): 1-4.

MARKUS P, 2002. Technical progress, structure change and the environmental Kuezents curve [J]. Ecological economics (42): 381-389.

KISSINGER M, DAN G, 2012. From global to place oriented hectares—The case of Israel's wheat ecological footprint and its implications for sustainable resource supply [J]. Ecological indicators, 16: 51.

MUNDA G, 2005. Measuring sustainability: a multi-criterion frame work [J]. Environment development and Sustainability (7): 118-133.

ODUM H T, BROWN M T, WILLIANS S B, 2000. Handbook of emergy evaluation folios 1 [R]. Gainesville: Center for Environment Policy University of Florida.

ODUM H T, 1994. Ecological and general systems [M]. Revised edition. Boulder: University of Colorado Press.

ODUM H T, 1996. Environment accounting, emergy and environment decision making [M]. New York: John Wiley.

ZANDBERGEN P A, 1998. Urban watershed ecological risk assessment using GIS: a case study of the Brunette River watershed in British Columbia [J]. Canada journal of hazardous materials (61): 163-173.

DEPLAZES P, HEGGLIN D, GLOOR S, et al., 2004. Wilderness in the city: the urbanization of echinococcus multilocularis [J]. Trends in parasitology, 20 (2): 77-84.

PATTERSOND W, 1996. Artificialneural networks theory and applications [M]. NewYork: Prentice Hall.

REES W E, 1992. Ecological footprint and appropriated carrying capacity: what urban economics leaves out [J]. Environment and urbanization, 4 (2): 121-130.

YORK R, EA R, DIETZ T, 2003. STIRPAT, IPAT and ImPACT: analytic tools for unpacking the driving forces of environmental impacts [J]. Ecological Economics, 46 (3): 351-365.

BERRENS R P, BOHARA A K, GAWANDE K, et al., 1997. Testing the inverted hypothesis for US hazardous waste: an application of the generalized gamma model [J]. Economics letters (55): 435-440.

GILLIES R R, BRIMBOX J, SYMANZIK J, et al., 2003. Effects of urbanization on the aquatic fauna of the Line Creek watershed, Atlanta—a satellite perspective [J]. Remote sensing of environment 86 (3): 411-422.

SADEGH T J, HOMAYOUN S B, MOHAMMAD A A, et al., 2020. Developing safe community and healthy city joint model [J]. Journal of injury & violence research, 12 (3): 1-12.

DINDA S, COONDOO D, PAL M, 2000. Air quality and economic growth: an empirical study [J]. Ecological economics (34): 409-423.

MCDADE T W, ADAIR L S, 2001 . Defining the "urban" in urbanization and health: a factor analysis approach [J]. Social science & medicine, 53 (1): 55-70.

TURNER B L, KASPERSON R E, MATSONE P A, et al., 2003. A frame-work for vulnerability analysis in sustainability science [J]. PNAS, 100 (14): 8074-8079.

DEOSTHALI V, 1999. Assessment of impact of urbanization on climate: an applica-

tion of bio-climatic index [J]. Atmospheric environment, 33 (24): 4125-4133.
WACKERNAGEL M, LEWAN L, HANSSON C B, 1999. Evaluating the use of natural capital with the ecological footprint: applications in Sweden and subregions [J]. Ambio (28): 604-612.
WACKERNAGEL M, REES W E, 1997. Perceptual barriers to investing in natural: economics from an ecological footprint perspective [J]. Ecological economics, 20 (1): 3-24.
WANG P F, WANG Y, LIU M J, et al., 2018. Atmospheric environmental quality assessment and countermeasures in Chongqing [J]. Science bulletin, 34 (7): 267-273.
WU H, TAN H, LU Y, 2007. Evaluation of eco-environmental frangibility based on remote sensing and geographic information system [J]. Wuhan university journal of natural sciences, 12 (4): 715-720.
WHITE H, 1992. Artifieial neural networks: approximation and learning theory [M]. Cambridge: Blackwell Publish-ers, Inc.
YU Q, YUE D P, WANG J P, et al, 2017. The optimization of urban ecological infrastructure network based on the changes of county landscape patterns: a typical case study of ecological fragile zone located at Deng Kou [J]. Journal of cleaner production, 163 (1): 54-67.
YAO H J, 2019. Coupling degree model for urbanization and ecological environment [J]. Ekoloji dergisi, 28 (107): 1481-1485.
ZILBERBRAND M, ROSENTHAL E, SHACHNAI E, 2001. Impact of urbanization on hydrochemical evolution of groundwater and on unsaturated-zone gas composition in the coastal city of Tel Aviv, Israel [J]. Journal of contaminant hydrology, 50 (4): 175-208.
安瓦尔·买买提明，张小雷，塔世根·加帕尔，2010. 基于模糊数学的新疆南疆地区城市化与生态环境的和谐度分析 [J]. 经济地理，30 (2): 214-219.
安瓦尔·买买提明，张小雷，杨德刚，2009 . 新疆和田地区城市化与土地利用变化的定量分析 [J]. 中国人口·资源与环境，19 (6): 137-141.
白艳莹，王效科，欧阳志云，2003. 苏锡常地区的城市化及其资源环境胁迫作用 [J]. 城市环境与城市生态，16 (6): 286-288.
曹雪芹，2001. 加快城市化与生态环境系统建设 [J]. 经济经纬 (6): 67-69.
车环平，2009. 我国生态补偿机制存在的问题及对策 [J]. 重庆科技学院学报

（社会科学版）（7）：53-54.
陈柳钦，2010. 健康城市建设及其发展趋势［J］. 中国市场（6）：50-63.
陈明星，陆大道，张华，2009. 中国城市化水平的综合测度及其动力因子分析［J］. 地理学报，64（4）：387-398.
陈永华，丁平，郑美光，等，2000. 城市化对杭州市湿地水鸟群落的影响研究［J］. 动物学研究，4（4）：258-279.
陈媛媛，朱记伟，周蓓，等，2018. 基于系统动力学的西安市复合生态系统情景分析［J］. 水资源与水工程学报，29（6）：31-40.
成淑敏，高阳，杨卓翔，等，2012. 基于能值分析的城市生态经济系统研究：以邢台市为例［J］. 生态经济，28（3）：44-47.
崔学刚，方创琳，李君，等，2019. 城镇化与生态环境耦合动态模拟模型研究进展［J］. 地理科学进展，38（1）：111-125.
邓聚龙，2007. 灰色数理资源科学导论［M］. 武汉：华中科技大学出版社.
邓丽仙，杨绍琼，2008. 昆明市2006年干旱分析［J］. 人民珠江（1）：26-28.
邓民彩，李正升，2012. 昆明市经济增长与环境污染关系研究［J］. 中国证券期货（11）：176-177.
杜仲莹. 昆明掌鸠河引水供水工程通水跨流域引水为春城解渴［N］. 昆明日报，2019-10-16（1）.
方恺，董德明，林卓，等，2012. 基于全球净初级生产力的能源足迹计算方法［J］. 生态学报，32（9）：2900-2909.
冯俊，2002. 中国城市化与经济发展协调性研究［J］. 城市发展研究，9（2）：24-35.
冯长春，杨志威，1998. 欧美城市土地利用理论研究述评［J］. 国际城市规划（1）：2-9.
付会霞，张彦明，尹志红，等，2012. 基于生态足迹模型的黑龙江省可持续发展研究［J］. 科学技术与工程，12（4）：961-964，968.
傅鸿源，钟小伟，洪志伟，2000. 城市化水平与经济增长的中外对比研究［J］. 重庆建筑大学学报（社会科学版），25（21）：19-24.
高阳，冯喆，王羊，等. 基于能值改进生态足迹模型的全国省区生态经济系统分析［J］. 北京大学学报（自然科学版），47（6）：1089-1096.
葛全胜，2007. 中国可持续发展总纲：中国气候资源与可持续发展［M］. 北京：科学出版社.
耿雷华，李原园，黄昌硕，等，2010. 水源涵养与保护区生态补偿机制研究

[M]. 北京：中国环境科学出版社.
耿世刚，2019. 基于复合生态系统的低碳城市产业生态体系构建研究 [D]. 秦皇岛：燕山大学.
何黎，2018. 成都市城市生态环境脆弱性评价 [D]. 成都：成都理工大学.
贺成龙，2017. 三峡工程的能值足迹与生态承载力 [J]. 自然资源学报，32 (2)：329-341.
胡超美，朱传耿，车冰清，2010. 淮海经济区区域系统动态协调发展研究 [J]. 人文地理，25 (1)：66-72.
胡江霞，文传浩，兰秀娟，2015. 重庆市经济与环境协调发展策略研究 [J]. 生态经济，31 (12)：42-47.
胡洁，2015. 清水江流域人口流动对耕地资源安全影响研究 [D]. 贵阳：贵州大学.
胡峻豪，2018. 云南少数民族地区生态经济系统协调度研究 [D]. 昆明：昆明理工大学.
黄海，刘长城，陈春，2013. 基于生态足迹的土地生态安全评价研究 [J]. 水土保持研究，20 (1)：193-196.
黄寰，肖义，王洪锦，2018. 成渝城市群社会-经济-自然复合生态系统生态位评价 [J]. 软科学，32 (7)：113-117.
贾鹏，2016. 郑州市城市生态系统健康动态变化研究 [J]. 工程建设，48 (11)：27-30.
姜乃力，1999. 城市化对大气环境的负面影响及其对策 [J]. 辽宁城乡环境科技，19 (2)：63-66.
姜艳. 拉萨市城镇居民人均可支配收入已增长 559 倍 [N]. 拉萨日报，2018-11-09 (2).
蒋锦晓，何建波，陈彬，等，2019. 城市不同源雾霾颗粒物健康风险差异评估比较 [J]. 中国环境科学，39 (1)：379-385.
蒋元勇，章茹，丰锴斌，2014. 南昌城市化与水资源环境交互耦合作用关系分析 [J]. 人民长江，45 (14)：17-21.
蓝盛芳，钦佩，陆宏芳，2002. 生态经济系统能值分析 [M]. 北京：北京化学工业出版社.
李博，韩增林，2010. 沿海城市人地关系地域系统脆弱性研究：以大连市为例 [J]. 经济地理，30 (10)：1722-1727.
李柏山，周培疆，尹珩，等，2015. 汉江中下游典型城市发展对气候变化脆弱性分析研究［J］. 环境科学与管理，40（1）：162-167.
李博，佟连军，韩增林，2010. 东北地区煤炭城市脆弱性与可持续发展模式［J］. 地理研究，29（2）：361-372.
李创新，马耀峰，张颖，等，2012. 1993—2008 年区域入境旅游流优势度时空动态演进模式［J］. 地理研究，31（2）：257-268.
李锋，王如松，2003. 中国西部城市复合生态系统特点与生态调控对策研究［J］. 中国人口·资源与环境，13（6）：72-74.
李国平，宋文飞，2011. 区域矿产资源开发模式、生态足迹效率及其驱动因素：对资源诅咒学说的另一种解读［J］. 财经科学，46（6）：101-109.
李鹤，2011. 东北地区矿业城市脆弱性特征与对策研究［J］. 地域研究与开发，20（5）：78-83.
李鹤，张平宇，刘文新，2007. 1990 年以来辽宁省环境与经济协调度评价［J］. 地理科学，27（4）：486-492.
李娟，黄民生，陈世发，等，2009. 基于能值分析的福州市生态足迹分析［J］. 中国农学通报，25（10）：215-219.
李良，2008. 对弱势群体教育补偿问题的探究［J］. 沈阳教育学院学报，12（5）：55-58.
李营刚，蒋勇军，丁馨怡，2009. 基于生态足迹模型的重庆市涪陵区可持续发展研究［J］. 西南大学学报（自然科学版），31（6）：73-77.
李永顺，2015. 昆明今生来世［M］. 昆明：云南美术出版社.
廖崇斌，1999. 环境与经济协调发展的定量评判及其分类体系［J］. 热带地理，19（2）：171-177.
廖茂忠，2005. 义务教育补偿的价值基础研究［J］. 教育理论与实践，25（5）：1-4.
廖文婷，何多兴，唐傲，等，2016. 基于改进熵值法的土地储备融资风险评价：以重庆市江北区为例［J］. 西南师范大学学报（自然科学版），41（8）：95-100.
廖玉林，2017. 重庆市城镇化与生态环境协调发展路径研究［D］. 重庆：重庆大学.
刘定惠，杨永春，2011. 区域经济旅游生态环境耦合协调度研究：以安徽省为例［J］. 长江流域资源与环境，20（7）：892-896.
刘复兴，2002. 教育政策活动中的价值问题［J］. 北京师范大学学报（人文社会科学版）（3）：83-91.

刘宏鲲，2003. 我国城市化与经济发展关系的偏差分析 [J]. 重庆建筑大学学报，25（5）：6-9.
刘丽萍，2009. 生态足迹与城市可持续发展 [J]. 环境科学导刊，28（6）：19-21.
刘丽萍，何丽萍，卢云涛，等，2011. 昆明市环境承载力研究 [M]. 北京：中国环境科学出版社.
刘盛和，吴传均，陈田，2001. 评析西方城市土地利用的理论研究 [J]. 地理研究，20（1）：111-119.
刘世梁，朱家蕙，许经纬，等，2018. 城市化对区域生态足迹的影响及其耦合关系 [J]. 生态学报，38（24）：8888-8900.
刘思峰，2017. 灰色系统理论及应用 [M]. 8 版. 北京：科学出版社.
刘思峰，党耀国，方志耕，等，2010. 灰色系统理论及其应用 [M]. 北京：科学出版社：96-99.
刘学敏，马保国，2008. NEGM（1，1）模型预测精度的检验方法研究 [J]. 河南工程学院学报，18（1）：73-74.
刘耀彬，2007. 城市化与生态环境耦合机制及调控研究 [M]. 北京：经济科学出版社.
刘耀彬，李仁东，宋学锋，2005. 中国区域城市化与生态环境耦合的关联分析 [J]. 地理学报，60（2）：237-247.
刘兆顺，尚金城，许文良，等，2006. 吉林省东部资源型县域经济与生态环境协调发展分析：以汪清县为例 [J]. 吉林大学学报（地球科学版），36（2）：265-269.
刘子刚，郑瑜，2011. 基于生态足迹法的区域水生态承载力研究：以浙江省湖州市为例 [J]. 资源科学，33（6）：1083-1088.
隆蓉，安黔江，谭荔，2018. 重庆市空气质量变化趋势及其在灰色系统下的预测 [J]. 铜仁学院学报，20（6）：53-59.
陆林，余凤龙，2005. 中国旅游经济差异的空间特征分析 [J]. 经济地理，25（3）：406-410.
吕宾，张小雷，2002. 新疆城市化与经济发展协调性分析 [J]. 干旱区地理，25（2）：189-192.
吕利军，王嘉学，袁花，等，2009. 典型旅游城市环境脆弱度评价与旅游发展对策分析：以昆明市为例 [J]. 旅游研究，1（2）：13-18.
吕晓，2009. 塔里木河流域农用地生态经济系统耦合发展研究 [D]. 乌鲁木齐：新疆农业大学.
吕晓，刘新平，2010. 农用地生态经济系统耦合发展评价研究：以新疆塔里木河流域为例［J］. 资源科学，32（8）：1538-1543.
马丽珠，2009. 昆明市生态承载力研究：基于生态足迹分析法［D］. 昆明：昆明理工大学.
马琳，邱五七，郑英，等，2020. 部分健康城市建设发展进程与治理模式特点分析［J］. 南京医科大学学报（社会科学版），20（5）：402-406.
马亚亚，刘国彬，张超，等，2019. 陕北安塞区生态与经济系统耦合协调发展研究［J］. 生态学报，39（18）：1-9.
马颖，2006. 城市交通生命线系统及其脆弱性的内涵和后果表现分析［J］. 价值工程（12）：17-21.
毛蒋兴，闫小培，2002. 我国城市交通系统与土地利用互动关系研究评述［J］. 城市规划学刊（4）：34-37，79.
孟小星，姜文华，张卫东. 重庆酸雨地区森林生态系统土壤、植被与地表水现状分析［J］. 重庆环境科学（12）：71-73，212.
裴银宝，刘小鹏，李永红，2015. 银川市城市生态经济系统的碳吸收与碳排放［J］. 生态学杂志，34（3）：853-859.
其木格，孙艳，海山，2011. 内蒙古哈尔右翼后旗大九号村人地关系研究［J］. 内蒙古农业大学学报，32（1）：2-6.
邱建，李婧，毛素玲，等，2020. 重大疫情下城市脆弱性及规划应对研究框架［J］. 城市规划，44（9）：13-21.
尚海龙，潘玉君，2013. 西安市人地关系协调状态评价及动态预测［J］. 人文地理，28（2）：104-110，90.
沈亚芳，谢童伟，张锦华，2011. 中国农村的教育贫困与教育补偿机制研究［M］. 上海：上海财经大学出版社.
盛学良，董雅文，JOHN T，2001. 城市化对生态环境的影响与对策［J］. 环境导报（6）：8-9.
史爱玲，闫庆松，1999. 城市化对环境的影响与对策［J］. 山东环境（1）：35-37.
史宝娟，张立华，2018. 天津地区城市化与生态环境压力脱钩关系研究［J］. 生态经济，34（3）：166-170.
宋军继，1999. 浅谈当前城市水环境现状及发展对策［J］. 水土保持研究，2003，10（3）：114-116.

宋永昌，戚仁海，由文辉，等，1999. 生态城市的指标体系与评价方法 [J]. 城市环境与城市生态，12（5）：16-19.
苏飞，张平宇，李鹤，2008. 中国煤矿城市经济系统脆弱性评价 [J]. 地理研究，27（4）：907-916.
孙东林，刘圣，姚成，等，2007. 用能值分析理论修改生物承载力的计算方法：以苏北互花米草生态系统为例 [J]. 南京大学学报（自然科学版），43（5）：501-508.
孙小涛，周忠发，陈全，2017. 重点生态功能区人口-经济-生态环境耦合协调发展探讨：以贵州省沿河县为例 [J]. 重庆师范大学学报（自然科学版），34（4）：127-134.
孙兴丽，2016. 河北省2005—2014年生态经济系统发展趋势及可持续性评价 [J]. 生态经济，32（4）：100-104.
唐廉，谢世友，2016. 农田生态系统碳足迹特征及低碳发展探讨：以重庆酉阳县种植业为例 [J]. 西南大学学报（自然科学版），38（12）：76-82.
唐晓华，张欣珏，李阳，2018. 中国制造业与生产性服务业动态协调发展实证研究 [J]. 经济研究，53（3）：79-93.
童怀伟，2002. 城市化进程中的生态环境问题 [J]. 决策咨询（11）：48-49.
汪明全，王金达，刘景双，等，2009. 基于能值的生态足迹方法在黑龙江和云南二省中的应用与分析 [J]. 自然资源学报，24（1）：74-80.
王弘彦. 极端天气背景下辽宁省城市脆弱性时空演变研究 [J]. 国土与自然资源研究，2020（1）：64-70.
王会豪，2016. 近20年来成都市主要生态系统时空格局演变分析 [J]. 绵阳师范学院学报，35（8）：105-110.
王金营，2003. 经济发展中人口城市化与经济增长相关性分析比较研究 [J]. 中国人口·资源与环境，13（5）：52-58.
王棚飞，王勇，刘梦娇，等，2018. 重庆市大气环境质量评价及对策研究 [J]. 科技通报，34（07）：267-273.
王士君，王永超，冯章献，2010. 石油城市经济系统脆弱性发生过程机理及程度研究：以大庆市为例 [J]. 经济地理，30（3）：397-402.
王涛，沈渭寿，林乃峰，等，2016. 西藏草地生长季产草量动态变化及可持续发展策略 [J]. 自然资源学报，31（5）：864-874.
王玮，唐德善，金新，等，2015. 基于系统动态耦合模型的河湖水系连通与城市化系统协调度分析 [J]. 水电能源科学，33（7）：20-24.

王献薄，1996. 城市化对生物多样性的影响［J］. 农村生态环境，12（4）：32-36.

王效科，苏跃波，任玉芬，等，2020. 城市生态系统：人与自然复合［J］. 生态学报，40（15）：5093-5102.

王语嫣，2019. 欠发达地区生态环境与区域经济协调发展的耦合度分析：以环塔里木盆地经济圈为例［D］. 阿拉尔：塔里木大学.

王玉芳，曹娟娟，2017. 大小兴安岭林区社会经济转型发展与生态建设耦合协调度研究［J］. 林业经济问题，37（6）：1-7.

王志民，2015. “一带一路”背景下的西南对外开放路径思考［J］. 人文杂志（5）：26-32.

魏媛，王晓颖，吴长勇，等，2018. 喀斯特山区经济发展与生态环境耦合协调性评价：以贵州省为例［J］. 生态经济，34（10）：69-75.

翁钢民，鲁超，2010. 旅游经济与城市环境协调发展评价研究：以秦皇岛市为例［J］. 生态经济（3）：28-31.

吴冰，马耀峰，王晓峰，2012. 入境旅游流与饭店业的耦合协调度分析：以西安市为例［J］. 西北大学学报（自然科学版），42（1）：121-126.

吴广斌，2015. 基于 BP 的城市化与生态环境耦合脆弱性动态模拟研究［D］. 哈尔滨：哈尔滨师范大学.

吴磊，2016. 基于生态足迹理论的新疆可持续发展研究［D］. 乌鲁木齐：新疆大学.

吴玲，杨安华，王绥，2011. 城市化发展同经济发展水平的计量模型与分析［J］. 四川大学学报（工程科学版），33（2）：113-115.

吴群，2019. 基于动态耦合模型的产业结构与生态环境协调发展研究：以兰州市为例［J］. 现代商贸工业，40（15）：1-3.

吴莹，2011. 昆明市生态足迹简析［J］. 林业建设（2）：48-51.

伍立群，2004. 解决昆明城市建设中水资源问题的对策［J］. 人民长江，35（3）：19-21.

夏茵茵，唐旭，唐靖媛，等，2015. 重庆市主城区主要交通干道噪声 51 年之变迁［J］. 环境卫生学杂志，5（4）：341-343.

谢锐，陈严，韩峰，等，2018. 新型城镇化对城市生态环境质量的影响及时空效应［J］. 管理评论，30（1）：230-241.

邢颖，乐立，张文磊，等，2019. 基于耦合协调度模型的都匀市土地利用变化与经济增长协调性研究［J］. 中国农业资源与区划，40（4）：128-134.

熊传合，杨德刚，张新焕，等，2015. 新疆生态经济系统可持续发展空间格局［J］. 生态学报，35（10）：3428-3436.
徐祥德，2002. 城市化环境大气污染模型动力学问题［J］. 应用气象学报，13（U1）：1-12.
徐彦，2018. 重庆市生态环境与经济协调发展研究［J］. 武汉工程职业技术学院学报，32（2）：39-43.
徐中民，程国栋，张志强，2006. 生态足迹方法的理论解析［J］. 中国人口资源与环境（6）：69-78.
许国钰，杨振华，任晓冬，等，2018. 水环境脆弱性背景下人口-经济-生态空间格局优化：以贵阳市为例［J］. 生态经济，34（9）：172-178.
薛改萍，林志强，德庆，2013. FY2C 水汽通道资料反映的西藏高原水汽特征［J］. 科学技术与工程，13（35）：10589-10594.
闫伟华，童彦，关海波，等，2007. 昆明市经济增长与环境污染的计量模型研究［J］. 环境科学导刊，26（4）：15-17.
杨邦杰，王如松，1992. 城市生态调控的决策支持系统［M］. 北京：中国科学技术出版社.
杨海欢，曹明明，雷敏，2009. 陕西省经济发展与资源环境协调演进分析［J］. 人文地理，24（3）：125-128.
杨林坤，2012. 国家实施桥头堡战略对云南纤检的机遇与挑战［J］. 中国纤检（5）：20-23.
杨文举，孙海宁，2002. 浅析城市化进程中的生态环境问题［J］. 生态经济（3）：31-34.
杨艳茹，王士君，宋飏，2009. 石油城市人地系统脆弱性及规避机理研究［J］. 云南师范大学学报（哲学社会科学版），41（2）：71-76.
杨羽，2017. 南充市农业生态经济可持续发展研究：基于能值足迹模型［J］. 农村经济与科技，28（9）：157-160 .
余小东，沈镭，周维琼，2007. 基于产业结构演进的云南省节能潜力分析［J］. 中国矿业，16（6）：4-7.
喻小红，夏安桃，刘盈军，2007. 城市脆弱性的表现及对策［J］. 湖南城市学院学报，28（3）：96-98.
喻忠磊，杨新军，石育中，2012. 关中地区城市干旱脆弱性评价［J］. 资源科学，34（3）：581-588.
张冬梅. 刘妍珺，赵雷雷，2011. 生态经济综合评价指标体系研究：以贵州省为例［J］. 学术交流（12）：81-84.

张炯，1999. 城市中心区的环境与造景论［J］. 城市问题（2）：9-11.

张雷，刘毅，2004. 中国东部沿海地带人地关系状态分析［J］. 地理学报，59（2）：311-319.

张落成，刘海鹏，2000. 中国城市化过程与城乡土地利用的特殊性［J］. 城市研究（3）：41-43.

张鹏飞，2018. 基于生态足迹的成都市可持续发展研究［D］. 成都：西南交通大学.

张仁杰，董会忠，2020. 黄河中下游地区城市脆弱性空间异质性分析［J］. 山东理工大学学报（自然科学版），34（2）：51-57.

张文东，2012. 边疆中心城市和谐社区建设初探：以昆明市为例［J］. 学术探索（5）：58-61.

张倚铭. 以环境资源系统平衡确定昆明城市建设规模［N］. 云南政协报，2002-10-09（1）.

张玉丽，杨洋，2016. 基于耦合度模型上海市经济与环境协调度的研究［J］. 广西科技师范学院学报，31（2）：148-152.

张振超，2018. 基于社区尺度的城市生态脆弱性时空演变研究：以大连市金州区为例［D］. 大连：辽宁师范大学.

张志强，徐中民，程国栋，2000. 生态足迹的概念及计算模型［J］. 生态经济（10）：8-10.

张祖林，刘光富，尤建新，2009. 昆明市和谐发展的问题与对策研究［J］. 云南师范大学学报（哲学社会科学版），41（4）：55-61.

赵德芳，孙虎，延军，2008. 陕北黄土高原丘陵沟壑区生态经济发展模式［J］. 水土保持研究，15（6）：123-127.

赵瑞静，2017. 河北省经济与环境耦合协调度实证分析研究［J］. 统计与管理（6）：72-75.

赵晟，吴常文，2009. 中国、韩国 1980—2006 年能值足迹与能值承载力［J］. 环境科学学报，29（10）：2231-2240.

赵武生，2020. 城镇化进程中兰西城市群复合生态系统耦合协调度研究［D］. 兰州：西北师范大学.

赵新宇，2009. 东北地区生态足迹评价研究［J］. 吉林大学学报（社会科学版）49（2）：60-65.

赵兴国，潘玉君，王爽，等，2011. 云南省耕地资源利用的可持续性及其动态预测：基于“国家公顷”的生态足迹新方法［J］. 资源科学，33（3）：542.
赵耀辉，2004. 业生态系统能值分析方法［J］. 中国生态农业学报，12（3）：181-183.
郑静萍，吴玲，韩秀红，2009. 昆明生态城市建设研究［J］. 昆明学院学报，1（6）：9.
郑玉清，2007. 当代美国联邦政府教育平等政策的发展及其启示［J］. 世界教育信息（7）：6-9.
重庆市教育科学研究院，2012. 重庆地理［J］. 重庆：西南师范大学出版社.
周向红，2007. 欧洲健康城市项目的发展脉络与基本规则论略［J］. 国际城市规划，22（4）：65-70.
朱党生，张建永，程红光，等，2010. 城市饮用水水源地安全评价（I）：评价指标和方法［J］. 水利学报（41）：778-785.
朱士鹏，张志英，2018. 贵阳市城市化、生态环境耦合协调演化与障碍因素诊断［J］. 西北师范大学学报（自然科学版），54（3）：127-134.
朱要武，2003. 中国城市化水平与经济发展水平偏离度［J］. 城市问题（5）：6-9.
朱英豪，刘斯文，王伟，2007. 云南省昆明市生态足迹的计算及分析［J］. 辽宁工程技术大学学报（社会科学版），9（1）：30-33.
宗跃光，1993. 城市土地利用生态经济适宜性评价：以天津居住新区为例［J］. 城市环境与城市生态，6（3）：26-29.
邹建辉，2018. 珠海建设健康城市与乡村旅游业发展研究［J］. 淮南职业技术学院学报，18（5）：139-141.
邹灵，杨宜平，2018. 重庆市空气质量特征分析［J］. 重庆工商大学学报（自然科学版），35（5）：79-83.

附　录

附录 1　昆明市 A 级旅游景点数量

附表 1　昆明市 A 级旅游景点数量　　单位：个

等级	2008 年	2009 年	2010 年	2011 年	2012 年	2013 年	2014 年	2015 年	2016 年	2017 年
A	0	0	0	0	0	0	1	1	1	0
2A	1	1	1	1	1	1	2	3	3	3
3A	0	1	4	4	4	4	10	10	12	13
4A	6	6	6	6	6	6	9	10	10	9
5A	1	1	1	1	1	1	1	1	2	2

注：根据云南省旅游与文化厅提供的 A 级旅游名录整理。

附录 2　昆明市生态环境系统和经济社会系统指标数据

附表 2　昆明市生态环境系统指标数据

指标	2008 年	2009 年	2010 年	2011 年	2012 年	2013 年	2014 年	2015 年	2016 年	2017 年
土地面积/hm^2	2 101 215	2 101 253. 75	2 101 253. 75	2 101 253. 75	2 101 253. 75	2 101 253. 75	2 101 253. 75	2 101 253. 75	2 101 253. 75	2 101 253. 75
平均气温/℃	15. 4	16. 6	16. 7	15. 5	16. 3	16. 0	16. 4	16. 2	15. 8	15. 70
平均相对湿度/%	70	66	66	71	67	68	66	70	73	73
人均水资源拥有量/m^3	1 114. 441 0	614. 331 2	723. 692 4	352. 429 7	484. 616 6	568. 171 5	749. 169 9	994. 907 9	879. 161 7	1 134. 011 0
森林覆盖率/%	45. 05	45. 05	45. 60	47. 00	46. 06	47. 07	49. 00	50. 00	50. 55	49. 14
农用地面积/$10^5 hm^2$	164. 171 7	164. 174 5	164. 171 6	164. 171 6	164. 171 6	164. 170 0	162. 019 3	161. 765 5	161. 470 0	161. 230 0
人均公用绿地面积/m^2	7. 34	8. 12	9. 61	10. 30	9. 93	10. 42	10. 72	10. 65	11. 30	11. 50
建成区绿化覆盖率/%	34. 66	38. 18	41. 28	42. 35	43. 62	35. 85	39. 89	40. 15	41. 29	41. 31
人均工业废水排放量/t	7. 092 5	6. 777 1	5. 008 4	9. 712 6	7. 976 4	7. 599 9	5. 584 1	5. 840 9	7. 283 0	4. 865 1
人均工业废气排放量/m^3	37 136. 06	36 779. 64	43 921. 36	62 736. 70	55 667. 12	55 905. 15	27 513. 73	53 718. 92	47 547. 56	46 765. 44

附表2(续)

指标	2008 年	2009 年	2010 年	2011 年	2012 年	2013 年	2014 年	2015 年	2016 年	2017 年
人均工业固体废物产生量/10^5t	3. 188 4	3. 407 8	3. 547 1	5. 955 8	4. 585 8	5. 045 0	3. 247 9	3. 592 0	3. 129 3	4. 454 6
空气质量优良率/%	100	100	100	100	100	91. 23	96. 99	97. 8	98. 9	98. 6
噪声平均值/dB	52. 10	52. 70	52. 90	53. 00	53. 00	53. 70	53. 80	53. 50	53. 50	53. 20
生活垃圾处理率/%	99. 34	94. 96	96. 80	88. 44	94. 66	93. 34	91. 93	95. 93	94. 84	100
工业固体废物综合利用率/%	39. 70	40. 00	41. 00	43. 00	45. 00	44. 00	37. 00	48. 00	37. 41	38. 69
造林总面积/10^5hm^2	0. 534 7	1. 433 3	1. 725 0	1. 486 0	7. 202 5	6. 346 7	6. 020 0	5. 230 0	5. 350 0	3. 800 0
自然保护区面积/hm^2	16 773	115 553	115 553	115 553	115 553	59 472. 97	59 472. 92	59 472. 97	59 472. 90	59 586. 97
环保投资总额/万元	872 810. 28	911 317	1 174 714	1 329 700	1 508 500	1 823 900	1 230 340	1 454 510	1 595 826	1 471 325
粮食产量/10^5t	115. 16	113. 10	108. 42	110. 20	120. 67	123. 01	123. 60	123. 57	124. 84	121. 76
粮食种植面积/hm^2	256 400	255 300	262 500	252 500	280 400	273 900	271 730	272 000	274 500	272 000
单位面积粮食产量/(t · hm^2)	4. 491 4	4. 430 1	4. 130 3	4. 364 4	4. 303 5	4. 491 1	4. 548 6	4. 543 0	4. 547 9	4. 476 5

附表 3 昆明市经济社会系统指标数据

指标	2008 年	2009 年	2010 年	2011 年	2012 年	2013 年	2014 年	2015 年	2016 年	2017 年
人口/万人	623. 90	628. 00	643. 92	648. 64	653. 30	657. 90	662. 60	667. 70	672. 80	678. 30
地区生产总值/亿元	1 634. 000 7	1 842. 224 6	2 134. 905 1	2 528. 225 4	3 035. 020 7	3 445. 990 9	3 747. 067 6	4 008. 942 4	4 342. 052 9	4 857. 642 6
人均地区生产总值/元	25 826	29 355	33 549	38 831	46 256	52 094	56 236	59 656	64 156	71 906
经济密度/（万元 · km^2）	777. 645 6	876. 726 4	1 016. 015	1 203. 199 0	1 444. 386 0	1 639. 969 0	1 783. 253 0	1 907. 881 0	2 066. 411 0	2 311. 783 0
固定资产投资/亿元	1 688. 026 9	2 548. 821 7	3 355. 820 6	4 164. 266 7	2 345. 910 0	2 931. 503 2	3 138. 165 7	3 497. 879 3	3 920. 074 7	4 217. 942 0
地方财政收入/亿元	174. 99	201. 61	253. 83	317. 70	378. 40	450. 75	477. 97	502. 22	530. 00	560. 86
工业总产值/亿元	595. 264 0	632. 354 8	709. 623 3	848. 869 8	1 008. 420 0	1 100. 060 0	1 047. 460 0	1 039. 760 0	1 039. 060 0	1 159. 200 0
农业总产值/亿元	175. 74	190. 96	200. 73	225. 07	268. 84	298. 66	316. 77	328. 58	349. 69	366. 38
非农产业从业人口所占比重/%	65. 20	66. 00	65. 30	68. 00	69. 05	70. 41	70. 68	70. 89	70. 90	73. 00
人口自然增长率/‰	5. 59	5. 80	5. 80	5. 66	5. 61	5. 59	5. 71	5. 98	6. 21	6. 68
每万人大学生数量/人	388. 956 6	429. 808 9	474. 096 2	526. 177 8	552. 579 2	586. 862 7	618. 673 4	653. 640 9	691. 831 2	742. 352 9
每万人拥有科技人员数量/人	5. 145 1	5. 270 7	5. 291 0	5. 315 7	3. 636 9	5. 537 3	3. 782 1	6. 234 8	6. 504 2	6. 818 5
人均住房面积/m^2	35. 787 7	36. 504 7	36. 995 5	38. 650 0	40. 400 0	41. 820 0	42. 060 0	43. 500 0	45. 970 0	47. 020 0
每万人拥有医生数量/人	26. 767 1	28. 823 3	28. 941 5	29. 002 2	30. 491 4	33. 634 3	34. 100 5	36. 107 5	38. 717 3	40. 272 7
人均道路面积/m^2	11. 85	11. 27	9. 85	11. 10	9. 75	9. 68	18. 81	13. 07	12. 84	9. 32

附表3（续）

指标	2008 年	2009 年	2010 年	2011 年	2012 年	2013 年	2014 年	2015 年	2016 年	2017 年
百户拥有移动电话数/部	165. 11	184. 62	199. 32	231. 30	237. 60	231. 53	235. 25	242. 60	249. 63*	254. 15
建成区面积/km^2	349. 03	364. 06	366. 77	388. 22	418. 33	503. 56	524. 62	530. 92	538. 38	542. 23
城区面积/km^2	912. 44	1 117. 47	1 120. 18	1 330. 91	1 364. 11	2 373. 91	2 295. 00	2 295. 43	2 503. 18	2 215. 59
第一产业产值/亿元	104. 90	114. 93	120. 30	133. 83	159. 17	169. 68	181. 56	188. 10	200. 51	210. 13
第二产业产值/亿元	740. 26	824. 58	960. 86	1 161. 15	1 378. 48	1 454. 84	1 555. 73	1 605. 41	1 679. 70	1 865. 97
第三产业产值/亿元	760. 23	897. 96	1 039. 15	1 214. 57	1 473. 49	1 821. 46	2 009. 78	2 215. 43	2 461. 85	2 781. 54
非农人口/万人	375. 09	383. 1	412. 11	428. 10	438. 04	447. 70	457. 50	467. 70	478. 02	488. 72
从业人口/万人	395. 27	391. 17	392. 15	400. 66	401. 88	403. 51	405. 29	412. 78	420. 37	432. 14
大学生数量/万人	24. 267 0	26. 992 0	30. 528 0	34. 130 0	36. 100 0	38. 609 7	40. 993 3	43. 643 6	46. 546 4	50. 353 8
科技人员数量/人	3 210	3 310	3 407	3 448	2 376	3 643	2 506	4 163	4 376	4 625
医生数量/人	27 317	26 049	24 109	22 595	22 128	19 920	18 812	18 636	18 101	16 700
城市人口密度/（人·km^2）	297	299	306	309	311	313	315	318	320	323

附录3　重庆市、贵阳市与成都市 A 级旅游景点数量

附表 4　重庆市、贵阳市与成都市 A 级旅游景点数量　　单位：个

地区	等级	2008 年	2009 年	2010 年	2011 年	2012 年	2013 年	2014 年	2015 年	2016 年	2017 年
贵阳	A	0	0	0	0	0	0	0	0	0	0
	2A	0	0	0	0	0	0	0	0	0	0
	3A	4	4	4	4	4	4	4	4	4	4
	4A	2	6	6	9	9	9	12	16	17	18
	5A	0	0	0	0	0	0	0	0	0	1
地区	等级	2008 年	2009 年	2010 年	2011 年	2012 年	2013 年	2014 年	2015 年	2016 年	2017 年
成都	A	0	0	0	0	0	0	0	0	1	1
	2A	2	3	5	5	5	5	5	5	9	11
	3A	2	2	5	7	8	10	12	12	18	21
	4A	6	7	9	14	16	19	23	24	29	33
	5A	1	1	1	1	1	1	1	1	1	1
地区	等级	2008 年	2009 年	2010 年	2011 年	2012 年	2013 年	2014 年	2015 年	2016 年	2017 年
重庆	A	2	2	2	2	2	2	2	2	2	2
	2A	13	17	17	17	23	28	34	40	46	52
	3A	7	10	14	22	31	47	53	64	71	76
	4A	28	30	34	37	44	49	63	70	79	84
	5A	2	2	2	3	5	6	6	7	7	8

注：根据贵州省文化和旅游厅、四川省文化和旅游厅、重庆市文化和旅游发展委员会提供的 A 级旅游名录整理。

附录 4　成都市生态环境系统和经济社会系统指标数据

附表 5　成都市生态环境系统指标数据

指标	2008 年	2009 年	2010 年	2011 年	2012 年	2013 年	2014 年	2015 年	2016 年	2017 年
土地面积/km^2	12 129	12 129	12 129	12 129	12 129	12 129	12 129	12 129	14 435	14 435
平均气温/℃	16. 30	16. 80	16	15. 90	15. 90	16. 90	16	16. 80	16. 80	16. 60
相对湿度/%	75	74	79	74	78	77	82	81	82	81
人均水资源拥有量/m^3	821	557	701	700	493	861	483	357	409	398
森林覆盖率/%	34. 80	36. 15	36. 90	37. 30	37. 64	37. 89	38. 16	38. 40	38. 70	39. 10
人均公用绿地面积/m^2	11. 40	12. 80	13. 21	13. 45	13. 66	13. 44	13. 77	14. 59	14. 23	13. 66
建成区绿化覆盖率/%	38. 60	38. 80	39. 43	39. 17	39. 38	40. 17	35. 68	39. 84	41. 39	41. 63
人均工业废水排放量/t	18. 398 9	21. 545 6	10. 668 6	4. 400 5	4	3. 543 4	3. 364 3	3. 796 7	3. 038 3	2. 705 3
人均工业废气排放量/m^3	17 493. 955 3	17 532. 006 0	19 363. 485 3	9 701. 953 0	10 088. 290 0	10 265. 990 0	8 180. 116 0	5 672. 043 0	6 905. 194 0	12 548. 130 0
人均工业固体废物产生量/t	0. 644 5	0. 505 4	0. 446 4	0. 177 5	0. 198 6	0. 179 5	0. 151 1	0. 097 5	0. 097 1	0. 084 5

附表5（续）

指标	2008 年	2009 年	2010 年	2011 年	2012 年	2013 年	2014 年	2015 年	2016 年	2017 年
空气质量优良率/%	87. 4	86. 3	86. 6	88. 2	80. 1	60. 8	61. 1	58. 63	58. 47	64. 38
噪声平均值/dB	53. 10	54. 10	54. 10	53. 60	53. 90	54. 40	54. 20	54. 20	54. 10	54. 30
生活垃圾处理率/%	96. 51	83. 63	100	100	100	100	100	100	84. 41	99
工业固体废物综合利用率/%	98. 26	83. 63	99. 57	98. 76	98. 65	99	97. 44	96. 06	92. 03	96. 09
造林总面积/hm^2	4 559	4 316	1 031	4 346	267	1 567	1 133	2 636	5 283	5 529
粮食产量/10^5t	274. 51	278. 88	274. 78	265. 43	249. 99	243. 11	237. 05	230. 15	290. 44	273. 09
粮食种植面积/hm^2	459 634	456 250	447 973	426 819	409 381	397 648	382 656	365 733	511 243	472 108
单位面积粮食产量/（t · hm^2）	5. 972 4	6. 112 4	6. 133 9	6. 218 8	6. 106 5	6. 113 7	6. 194 9	6. 292 9	5. 681 1	5. 784 5

附表 6　成都市经济社会系统指标数据

指标	2008 年	2009 年	2010 年	2011 年	2012 年	2013 年	2014 年	2015 年	2016 年	2017 年
人口/万人	1 270. 60	1 286. 60	1 404. 76	1 407. 08	1 417. 78	1 429. 76	1 442. 75	1 465. 75	1 591. 76	1 604. 47
地区生产总值/亿元	3 944. 914 8	4 502. 603 2	5 551. 333 6	6 950. 578 6	8 138. 943 8	9 108. 890 4	10 056. 592 6	10 801. 163 3	12 170. 233 5	13 889. 394 0
人均地区生产总值/元	31 203	35 215	41 253	49 438	57 624	63 977	70 019	74 273	76 960	86 911
经济密度/（万元 · km^2）	3 218. 373 1	3 714. 710 0	4 579. 927 4	5 730. 545 0	6 710. 317 0	7 510. 009 0	8 291. 362 0	8 905. 238 0	8 431. 059 0	9 622. 026 0
固定资产投资/亿元	2 993. 90	4 012. 50	4 255. 40	5 006	5 890. 10	6 501. 10	6 620. 40	7 007	8 370. 50	9 402. 20
地方财政收入/亿元	1 132. 298 3	1 279. 369 4	2 022. 297 2	2 269. 457 1	2 331. 262 1	2 810. 019 6	3 096. 185 6	3 078. 963 4	3 344. 553 8	4 222. 232 0
工业总产值/亿元	1 479. 40	1 664. 80	2 062. 80	2 610. 80	3 149. 60	3 493. 10	3 855. 40	4 056. 20	4 508. 60	5 217. 20
农业总产值/亿元	464. 60	441. 10	470. 20	547	577. 80	584. 60	613	663. 10	841. 30	878. 90
非农产业从业人口所占比重/%	75. 40	77. 69	79. 71	81. 31	82. 13	83. 24	83. 53	83. 63	83. 91	84. 44
人口自然增长率/‰	4. 30	2. 50	−0. 10	4. 50	0. 10	2. 70	4. 70	5. 40	5. 00	0. 70
每万人大学生数量/人	447. 524 8	457. 966 0	439. 564 1	459. 931 2	483. 600 4	490. 782 4	505. 519 3	515. 617 9	497. 306 8	509. 471 7
每万人拥有科技人员数/人	3. 769 0	3. 297 6	3. 743 9	8. 953 3	9. 159 4	9. 486 2	8. 980 1	8. 646 8	5. 812 0	6. 016 3
人均住房面积/m^2	42. 82	48. 80	48. 80	50. 20	52. 20	50. 94	50. 04	54. 48	55. 02	52. 26
每万人拥有医生数量/人	27	28	31	28. 341 67	30. 190 9	32. 051 5	33. 442 4	34. 273 2	34. 375 8	36. 248 1
人均道路面积/m^2	10. 54	15. 0	14. 89	14. 98	16. 24	15. 39	14. 78	14. 62	13. 89	14. 06
百户拥有移动电话数/部	175. 30	200. 20	228. 50	222. 60	226. 40	225. 10	236. 20	244. 30	252	254. 80

附表6（续）

指标	2008 年	2009 年	2010 年	2011 年	2012 年	2013 年	2014 年	2015 年	2016 年	2017 年
建成区面积/km^2	427. 65	439. 21	455. 60	483	515. 53	528. 90	604. 10	615. 50	837. 30	885. 61
城区面积/km^2	2 176	2 129	2 129	2 130	2 130	2 130	2 126. 69	2 172. 69	3 639. 81	3 639. 81
第一产业产值/亿元	262. 882 4	267. 772 5	285. 091 0	327. 339 1	348. 100 1	353. 167 3	357. 070 5	373. 153 5	474. 939 6	500. 869 5
第二产业产值/亿元	1 734. 951 2	2 001. 795 2	2 480. 903 5	3 143. 823 3	3 765. 616 3	4 181. 490 8	4 508. 530 3	4 723. 492 6	5 201. 989 8	5 998. 188 8
第三产业产值/亿元	1 947. 081 2	2 233. 035 5	2 785. 339 1	3 479. 416 2	4 025. 227 4	4 574. 232 3	5 190. 991 8	5 704. 517 2	6 493. 304 1	7 390. 335 7
非农人口/万人	807. 86	834. 36	923. 70	942. 74	970. 26	992. 25	1 015. 26	1 047. 57	1 124. 10	1 152. 81
从业人口/万人	704. 494 0	729. 516 4	752. 779 9	773. 166 8	793. 744 8	821. 191 3	820. 687 3	826. 412 7	894. 381 3	912. 920 0
大学生数量/万人	568 625	589 219	617 482	647 160	685 639	701 701	729 338	755 767	791 593	817 432
科技人员数量/人	10 534	11 655	12 109	12 598	12 986	13 563	12 956	12 674	9 264	9 653
医生数量/人	22 000	35 000	35 323	39 879	42 804	45 826	48 249	50 236	54 718	58 159
城镇居民可支配收入/元	16 942. 62	18 659. 4	20 835. 34	23 932. 08	27 193. 65	29 968	32 665	33 476	35 902	38 918
农民人均纯收入/元	6 481	7 129	8 205	9 895	11 501	12 958,	14 478	17 690	18 605	20 298
旅游收入/亿元	375. 43	501. 3	603. 87	805. 01	1 051	1 330. 66	1 663. 37	2 040	2 502	3 033
城市人口密度/（人·km^2）	1 025. 50	1 038. 42	1 171	1 172. 57	1 181. 49	1 180	1 190	1 209. 46	1 110	1 119

附录 5　贵阳市生态环境系统和经济社会系统指标数据

附表 7　贵阳市生态环境系统指标数据

指标	2008 年	2009 年	2010 年	2011 年	2012 年	2013 年	2014 年	2015 年	2016 年	2017 年
土地面积/km^2	8 043	8 043	8 043	8 043	8 043	8 043	8 043	8 043	8 043	8 043
平均气温/℃	14. 10	14. 90	14. 40	14	13. 70	15. 10	14. 60	15. 20	15. 30	15. 20
平均相对湿度/%	77	74	79. 50	76. 80	84. 80	78. 30	81. 50	84	80	80
人均水资源拥有量/m^3	1 544. 115 6	1 076. 196 0	769. 643 05	616	1 128	743	1 275. 200 0	1 044. 600 0	693	981
森林覆盖率/%	41. 78	41. 78	42. 30	42. 30	43. 20	44. 20	45	45. 50	46. 50	48. 66
耕地面积/10^3 hm^2	98. 19	98. 24	97. 81	96. 74	95. 59	96. 36	100. 05	106. 23	261. 23	258. 81
人均公用绿地面积/m^2	9. 75	9. 75	9. 85	10. 32	10. 85	11. 20	11. 20	10. 95	12. 86	12. 88
建成区绿化覆盖率/%	42. 10	42. 30	42. 30	42. 80	43. 20	43. 50	43. 50	38. 60	40. 70	40. 90
人均工业废水排放量/t	6. 605 7	4. 235 3	4. 242 7	4. 519 7	4. 510 4	5. 003 4	6. 354 3	5. 841 9	8. 022 5	9. 271 1
人均工业废气排放量/m^3	48 608. 248 8	41 952. 707 9	40 626. 004 9	35 440. 330 0	50 362. 780 0	36 975. 610 0	42 427. 570 0	50 240. 170 0	129 790. 500 0	78 696. 380 0

附表7（续）

指标	2008 年	2009 年	2010 年	2011 年	2012 年	2013 年	2014 年	2015 年	2016 年	2017 年
人均工业固体废物产生量/t	2. 440 3	2. 377 1	3. 129 2	2. 439 1	2. 433 3	2. 315 3	2. 409 6	2. 598 6	3. 018 7	3. 392 9
空气质量优良率/%	94. 81	94. 79	93. 97	95. 62	95. 9	76. 20	86	93. 20	95. 60	95. 10
噪声平均值/dB	55. 80	55. 70	55. 50	55. 90	55. 50	55. 40	59	58. 90	59	58. 80
生活垃圾处理率/%	90. 62	93. 3	90. 4	94. 7	97. 71	98. 28	97. 59	95. 09	97. 47	97. 52
工业固体废物综合利用率/%	46. 29	45. 80	56. 40	54. 25	58. 70	45. 72	48. 16	47. 20	39. 62	33. 86
造林总面积/hm^2	3 183	3 648	4 898	10 439	11 324	12 385	10 000	11 531	10 466	9 683
粮食产量/10^5t	63. 16	64. 11	63. 05	40. 24	44. 50	43. 26	45. 92	45. 39	44. 19	42. 73
粮食播种面积/hm^2	117 590	117 963	118 945	116 925	110 930	113 450	112 740	111 348	106 921	102 092
单位面积粮食产量/($t \cdot hm^2$)	5. 371 2	5. 434 8	5. 300 8	3. 441 5	4. 011 5	3. 813 1	4. 073 1	4. 076 4	4. 133 0	4. 185 4

附表 8　贵阳市经济社会系统指标数据

指标	2008 年	2009 年	2010 年	2011 年	2012 年	2013 年	2014 年	2015 年	2016 年	2017 年
人口/万人	423. 12	432. 99	432. 93	439. 33	445. 17	452. 19	455. 6	462. 18	469. 68	480. 20
地区生产总值/亿元	876. 821 0	971. 938 2	1 121. 817 4	1 383. 072 4	1 710. 304 8	2 085. 423 4	2 497. 269 1	2 891. 158 1	3 157. 710 1	3 537. 963 7
人均地区生产总值/元	21 420	23 237	26 209	31 712	38 673	46 479	55 018	63 003	67 772	74 493
经济密度/（万元 · km^2）	1 090. 167 0	1 208. 427 0	1 394. 775 0	1 719. 598 0	2 126. 451 0	2 592. 843 0	3 104. 898 0	3 594. 627 0	3 926. 035 0	4 398. 811 0
固定资产投资/亿元	601. 571 0	782. 791 0	1 019. 102 5	1 600. 589 8	2 482. 558 3	3 030. 381 1	3 489. 407 7	4 015. 640 7	3 260. 731 4	3 850. 604 4
地方财政收入/亿元	224. 286 4	252. 049 7	304. 638 0	401. 309 4	488. 018 1	563. 762 1	654. 689 4	723. 296 5	782. 848 8	717. 770 7
工业总产值/亿元	300. 147 3	308. 486 7	352. 767 8	454. 900 0	534. 730 0	608. 320 0	678. 000 0	714. 150 0	771. 330 0	872. 570 0
农业总产值/亿元	45. 463 1	51. 843 1	55. 455 5	62. 211 8	82. 591 0	125. 880 7	120. 000 9	129. 188 2	144. 010 7	162. 517 6
非农产业从业人口所占比重/%	61. 19	64. 10	66. 95	69. 83	72. 68	75. 10	77. 33	79. 26	81. 63	83. 11
人口自然增长率/‰	4. 44	4. 89	6. 63	5. 71	5. 97	5. 79	5. 48	5. 25	5. 85	6. 08
每万人大学生数量/人	556. 80	619. 40	593. 20	594. 80	653. 80	719. 50	788. 70	797. 40	867. 90	883. 20
人均住房面积/m^2	21. 51	22. 64	21. 88	22. 27	22. 67	30. 97	34. 7	34. 28	36. 25	35. 60
每万人拥有医生数量/人	27. 409 1	27. 549 9	29. 236 8	25. 807 5	26. 551 7	28. 127 7	28. 628 2	31. 325 5	33. 712 3	35. 106 2
人均道路面积/m^2	5. 27	5. 47	6. 18	5. 49	5. 63	9. 64	10. 04	10. 15	10. 21	10. 53
每万人拥有科技人员数量/人	3. 852 3	3. 786 9	10. 653 0	13. 370 4	12. 240 3	19. 157 9	16. 387 2	12. 374 0	12. 340 3	13. 962 9

附表8（续）

指标	2008年	2009年	2010年	2011年	2012年	2013年	2014年	2015年	2016年	2017年
百户拥有移动电话数/部	139.28	164.37	181.61	211.11	221.39	204	202	196	209.77	215.70
建成区面积/km^2	132	205	198.97	196.75	246.94	337.50	339.70	344.46	347.32	417.06
第一产业产值/亿元	47.21	50.08	57.104 8	62.551 4	72.28	81.52	108.02	129.89	137.14	147.33
第二产业产值/亿元	380.950 0	395.110 0	456.953 9	586.838 9	717.320 0	848.640 0	976.590 0	1 108.520 0	1 218.790 0	1 375.180 4
第三产业产值/亿元	382.890 0	526.760 0	607.758 7	733.682 1	920.700 0	1 155.260 0	1 412.660 0	1 652.750 0	1 801.780 0	2 015.452 6
非农人口/万人	252.78	258.71	294.96	304.02	313.97	326.03	333.50	338.55	348.31	359.19
从业人口/万人	209.74	213.42	212.98	217.93	223.57	232.13	242.02	251.79	262.12	272.72
大学生数量/万人	219 307	245 768	256 808	261 314	291 071	325 347	359 318	368 538	404 401	419 461
科技人员数量/人	1 639	1 639.7	4 612	5 874	5 449	8 663	7 466	5 719	5 796	6 705
医生数量/人	6 450	6 623	7 199	11 338	11 820	12 719	13 043	14 478	15 834	16 858
城市人口密度/（人·km^2）	514.61	526.66	538.87	546.84	554.11	557.83	566.43	574.61	583.96	590.47

附录6 重庆市生态环境系统和经济社会系统指标数据

附表9 重庆市生态环境系统指标数据

指标	2008年	2009年	2010年	2011年	2012年	2013年	2014年	2015年	2016年	2017年
土地面积/km^2	82 400	82 400	82 400	82 400	82 400	82 400	82 400	82 400	82 400	82 400
平均气温/℃	18.60	19	18.70	17.70	18.30	19.90	18.60	19.60	18.50	18.40
平均相对湿度/%	82	80	78	74	72	71	79	75	79.5	78.5
人均水资源拥有数量/m^3	2 040.30	1 600.30	1 616.80	1 773.30	1 626.50	1 603.87	2 155.94	1 518.65	1 994.72	2 142.92
森林覆盖率/%	34.00	35.00	37.00	39.00	42.10	42.10	43.10	45.00	45.40	46.50
耕地面积/10^3 hm^2	2 235.90	2 237.60	2 237.60	2 235.90	2 451.30	2 455.48	2 454.60	2 430.50	2 382.50	2 369.80
人均公用绿地面积/m^2	8.91	10.57	12.72	17.01	17.41	17.10	16.54	16.10	16.18	16.43
建成区绿化覆盖率/%	35.90	38.50	40.60	40.20	42.90	41.70	40.60	40.30	40.80	40.30
人均工业废水排放量/t	20.579 1	20.052 4	13.676 6	11.632 1	10.394 2	11.262 6	11.689 5	11.776 4	8.487 6	6.277 1
人均工业废气排放量/m^3	22 568.674 1	38 424.965 1	33 126.367 9	31 247.240 0	28 386.690 0	32 095.760 0	33 394.400 0	32 912	39 893.450 0	31 207.350 0

附表9(续)

指标	2008 年	2009 年	2010 年	2011 年	2012 年	2013 年	2014 年	2015 年	2016 年	2017 年
人均工业固体废物产生量/t	7 095. 377 7	7 790. 915 3	8 684. 859 8	31 247. 240 0	28 386. 690 0	32 095. 760 0	33 394. 400 0	32 912	39 893. 450 0	31 207. 350 0
空气质量优良率/%	81. 37	83. 01	85. 25	88. 77	92. 90	56. 4	67. 40	80. 00	82. 47	83. 01
噪声平均值/dB	54. 40	54. 30	54. 30	54	54	53. 40	53. 70	53. 60	53. 80	53. 50
生活垃圾处理率/%	88. 40	95. 90	98. 80	99. 60	99. 30	99. 40	99. 20	98. 60	100	99. 40
工业固体废物综合利用率/%	79. 07	79. 80	80. 40	75. 86	81. 60	84	84. 20	84. 50	76. 90	69. 80
造林总面积/hm^2	106 120	95 726	255 235	244 644	3 007 470	227 283	215 756	380 079	386 100	228 052
自然保护区面积/10^5 hm^2	90. 10	83. 90	82. 80	85	85	84. 50	83. 80	82. 70	82. 12	80. 60
环保投资总额/万元	1 264 200	1 895 500	2 316 800	2 752 000	2 323 600	2 557 400	3 992 400	2 936 900	3 556 400	4 646 300
粮食产量/10^5 t	1 153. 20	1 137. 20	1 156. 13	1 126. 90	1 138. 54	1 148. 13	1 144. 54	1 154. 89	1 166	1 167. 15
粮食播种面积/hm^2	2 215 407	2 229 493	2 243 887	2 259 413	2 259 606	2 253 905	2 242 522	2 233 958	2 250 051	2 238 973
单位面积粮食产量/($t \cdot hm^2$)	5. 205 4	5. 100 7	5. 152 4	4. 987 6	5. 038 7	5. 094 0	5. 103 8	5. 169 7	5. 182 1	5. 212 9

附表 10　重庆市经济社会系统指标数据

指标	2008 年	2009 年	2010 年	2011 年	2012 年	2013 年	2014 年	2015 年	2016 年	2017 年
人口/万人	2 839	2 859	2 884. 62	2 919	2 945	2 970	2 991. 40	3 016. 55	3 048. 43	3 075. 16
地区生产总值/亿元	5 829. 96	6 576. 96	7 983. 77	10 087. 34	11 504. 01	12 894. 26	14 393. 19	15 872. 23	17 740. 59	19 500. 27
人均地区生产总值/元	20 618	23 085	27 800	34 762	39 236	43 599	48 288	52 837	58 502	63 689
经济密度/（万元 · km^2）	70 751. 94	79 817. 48	96 890. 41	122 419. 20	139 611. 80	156 483. 70	174 674. 60	192 624. 20	215 298. 40	236 653. 80
固定资产投资/亿元	4 045. 250 9	5 317. 918 5	6 934. 796 6	7 685. 869 9	9 380. 001 2	11 205. 028 4	13 223. 746 3	15 480. 325 0	17 361. 120 7	17 440. 565 5
地方财政收入/亿元	577. 240 0	681. 830 0	1 018. 293 8	1 488. 333 6	1 465. 850 9	1 693. 243 8	1 922. 015 9	2 154. 827 6	2 227. 911 7	2 252. 378 8
工业总产值/亿元	2 162. 57	2 441. 83	1 912. 60	3 666. 10	4 249. 83	4 719. 46	5 283. 50	5 683. 15	6 183. 80	6 587. 08
农业总产值/亿元	473. 001 8	531. 167 9	623. 334 3	751. 224 6	841. 880 8	909. 175 8	967. 871 7	1 033. 684 8	1 151. 765 7	1 193. 692 0
非农产业从业人口所占比重/%	56. 30	57. 80	59. 70	61. 90	63. 70	65. 50	67. 30	69. 20	71. 10	72. 30
人口自然增长率/‰	5. 76	4. 50	7. 25	6. 54	3. 88	4. 67	5. 10	4. 01	5. 76	-1. 09
每万人大学生数量/人	170. 839 4	183. 028 7	196. 167 3	210. 012 3	227. 563 3	238. 252 5	247. 554 3	254. 301 8	257. 388 6	261. 842 6
每万人拥有科技人员数量/人	8. 162 73	8. 105 63	9. 586 0	10. 817 8	12. 429 5	14. 746 5	15. 086 3	15. 710 7	18. 506 6	20. 147 2
人均住房面积/m^2	29. 70	31. 42	31. 66	31. 77	32. 17	33. 59	35. 63	35. 16	34. 00	35. 28
每万人拥有医生数量/人	12	12	15	15	18	16	19	20	21	22
人均道路面积/m^2	8. 94	9. 29	9. 09	9. 97	10. 4	10. 89	11. 25	11. 50	11. 81	12. 23

附表10（续）

指标	2008 年	2009 年	2010 年	2011 年	2012 年	2013 年	2014 年	2015 年	2016 年	2017 年
百户拥有移动电话数/部	179.46	188.66	190.48	207.11	213.66	224.76	228.34	237.65	251.89	256.72
建成区面积/km^2	708	783	870	1 035	1 052	1 115	1 231	1 329	1 351	1 423
城区面积/km^2	5 591	5 591	5 696	5 697	6 106	6 134	6 643	7 027	7 438	7 440
第一产业产值/亿元	575.40	606.80	685.38	844.52	940.01	1 002.68	1 061.03	1 150.15	1 303.24	1 339.62
第二产业产值/亿元	2 613.30	2 973.33	3 574.06	4 518.89	5 244.21	5 900.06	6 637.24	7 195.00	7 898.92	8 596.61
第三产业产值/亿元	2 641.16	2 996.83	3 724.33	4 723.93	5 319.79	5 991.52	6 694.92	7 527.08	8 538.43	9 564.04
非农人口/万人	907.38	948.69	1 107.00	1 277.64	1 317.25	1 344.05	1 372.12	1 391.02	1 615.51	1 636.81
从业人口/万人	1 492.43	1 513.00	1 539.15	1 585.16	1 633.14	1 683.51	1 696.94	1 707.37	1 717.52	1 714.55
大学生数量/万人	48.501 3	52.327 9	56.586 8	61.302 6	67.017 4	70.761 0	74.053 4	76.711 4	78.463 1	80.520 8
科技人员数量/人	23 174	23 174	27 652	31 577	36 605	43 797	45 129	47 392	56 416	61 956
医生数量/人	26 799	31 756	37 611	42 767	49 823	55 417	62 662	69 996	77 463	84 768
城市人口密度/（人·km^2）	1 574	1 637	1 860	1 830	1 832	1 847	1 872	1 904	1 953	2 017

附录7　案例：清水江流域生态经济系统耦合协调发展研究

区域经济发展水平与生态环境质量是衡量区域可持续发展的重要指标，促进二者耦合协调发展对于欠发达地区城乡一体化具有重要意义。实现生态环境与经济的相互促进、协调发展已经成为环境科学与经济科学聚焦的热点科学问题之一。随着贵州山区经济的快速发展，环境质量恶化、资源短缺、生态退化等问题日益突显，已制约经济社会的可持续发展。清水江流域是国家农产品主产区与省级重点生态功能区。为了更好地解决清水江流域生态环境与经济社会发展的矛盾，构建长江与珠江上游的生态屏障，进行清水江流域城市生态环境和经济社会耦合协调研究具有一定的理论价值与实践指导意义。

关于经济发展与环境水平之间的交互关系分析，国外研究者（Allan et al., 2007；Hanley et al., 2009；Ahmet et al., 2013）主要采用一般均衡模型进行测算与评价；国内研究者主要运用动态耦合模型、耦合协调发展度模型对不同区域的生态环境与经济社会发展之间的交互关系进行定量分析（魏媛 等，2018），并取得了一系列有价值的研究成果，揭示了区域生态环境与经济社会系统的耦合协调关系及演化机理，为探究区域生态经济系统可持续发展提供了研究方法，对于后续研究极具启发意义与借鉴价值。王玮等（2015）运用综合发展度、耦合协调发展度和系统协调度定量表征复合系统的耦合协调状况，并以桂林市“两江四湖”工程为例，在时间尺度上定量分析了复合系统的演变规律。吴群（2019）运用动态耦合模型，对兰州市产业结构与生态环境的协调发展动态耦合规律进行实证分析。其研究表明兰州市正处于产业结构与生态环境的协调发展阶段，生态环境对产业结构的快速发展的支撑能力接近极限。马亚亚等（2019）以延安市安塞区为对象，运用耦合协调发展度模型等系统分析了生态环境系统与经济社会系统的耦合协调状态、速度及演变趋势。他的研究表明两个系统之间的矛盾开始显现，生态建设的固基作用亟待加强。

但是，纵观已有成果，涉及欠发达地区生态环境与经济社会协调发展的实证研究仍然不足，定量研究亟待进一步深入和融入新的分析思路。而耦合协调发展度模型可用于测度多个系统之间的交互作用、联动影响、协调发展水平和演化状态（周春山 等，2018），现已用于地理科学（尚海龙 等，2013）、生态环境（马亚亚 等，2019）、土地科学（邢颖 等，2019）与产业经济（唐晓华 等，2018）等领域，取得了一系列有价值的理论与实践研究成果，为探讨江河流域生态经济系统的互动关系与协调演化提供了有益参考。有鉴于此，本研究以清水江流域为研究区域，运用统计数据，构建生态经济系统耦合协调发展评价指标体系与测算模型，探讨生态环境与经济社会协调演进过程及规律，以期为研究区可持续发展提供一定的参考依据。

（1）研究区概况。

清水江流域属沅江水系，位于贵州省东南部，地处东经 105°15′~109°50′，北纬 26°10′~27°15′，即贵州高原向丘陵过渡的斜坡地带。该地区地势西高东低，地貌以低山、丘陵、山间盆地为主，受西南季风影响，属亚热带山地季风气候，雨热同期，立体特征显著，最冷月平均气温 6 ℃~8 ℃，最热月平均气温 25 ℃~28 ℃。境内岩溶发育，地表破碎、垂直切割较深，地层结构复杂，山地多而土地较少，宜农耕地数量不足，生态环境中度脆弱。

清水江是贵州高原第二大河，流域面积约 30 300 km^2，河长 1 050 km，平均坡降 0.49‰。黄平县重安江汇口、锦屏六洞河汇口分别为上游与中游的分界线、中游与下游的分界线。清水江全流域是苗族、侗族、布依族、畲族等 10 个世居少数民族聚集地，包括黔南苗族布依族自治州、黔东南苗族侗族自治州境内 3 市、13 县的全部或部分地区。2017 年，清水江全流域的常住人口有 362.51 万，生产总值为 1 186.12 亿元，人均地区生产总值为 32 700 元，乡村人口所占比重大，城乡居民可支配收入与农村居民人均纯收入分别为 27 700 元和 10 100 元，收入差距较大。

（2）数据来源与研究方法。

①数据来源。

本研究所需的统计数据主要来自 2014—2018 年贵州统计年鉴，2014—2018 年黔东南统计年鉴，2019—2018 年黔南统计年鉴，2014—2018 年中国县域统计年鉴（县市卷），2013—2017 年凯里市等 3 市、麻江县等 13 县的国民经济和社会发展统计公报，以及贵州省宏观经济数据库。本研究所需矢量数据主要来自国家测绘地理信息局标准地图服务网站，通过运用 ArcGIS 10.2 软件将地理单元的矢量数据与复合耦合协调发展度数据进行空间分析，生成清水江流域生态经济系统空间分异图。

②研究方法。

A. 指标体系的构建。

建立科学的评价指标体系是对系统协调发展进行综合分析的基础，只有选取的指标具有代表性，得出的结论才能准确反映系统相互作用的关系。笔者在遵循系统性、代表性和可操作性原则的基础上，用生态环境容量、生态环境压力、生态环境响应三个功能团来表征生态环境系统，用经济水平、产业结构、人民生活水平三个功能团来表征经济社会系统。

本研究依据国家发展和改革委员会、国家统计局、环境保护部、中央组织部印发的《绿色发展指标体系》和《生态文明建设考核目标体系》，贵州省政府新闻办发布的《贵州省生态文明建设目标评价考核办法（试行）》等文件；通过借鉴已有成果，结合清水江流域发展现状及同行专家意见，选取了17项指标构建生态经济系统耦合协调发展评价指标体系（见附表11）。笔者运用极差法对具体指标的原始数据标准化进行处理，运用改进的熵值法对权重进行测算。

附表11 清水江流域生态经济系统耦合协调发展评价指标体系

系统层	分类层	指标层	单位	信息熵	冗余度	权重
X：经济社会系统	X_A：经济水平	X_1：人均地区生产总值	元	0.785 3	0.214 7	0.100 6
		X_2：人均社会消费品零售额	元	0.764 6	0.235 4	0.110 2
		X_3：人均财政收入	元	0.845 4	0.154 6	0.072 4
	X_B：产业结构	X_4：第三产业占地区生产总值的比重	%	0.813 1	0.186 9	0.087 5
		X_5：第二产业占地区生产总值的比重	%	0.653 1	0.347 0	0.162 4
		X_6：产业结构高级化率	%	0.777 9	0.222 1	0.104 0
	X_C：人民生活水平	X_7：城镇居民人均可支配收入	元	0.773 4	0.226 6	0.106 1
		X_8：农村居民人均纯收入	元	0.655 7	0.344 3	0.161 2
		X_9：人均储蓄存款	元	0.795 5	0.204 5	0.095 7
Y：生态环境系统	Y_A：生态环境容量	Y_1：森林覆盖率	%	0.670 9	0.329 1	0.174 0
		Y_2：人均水资源量	m^3	0.819 8	0.180 2	0.095 3
	Y_B：生态环境压力	Y_3：工业废水排放量	万吨	0.758 3	0.241 7	0.127 8
		Y_4：二氧化硫排放量	万吨	0.828 4	0.171 6	0.090 7
		Y_5：工业固体废弃物产生量	万吨	0.825 7	0.174 3	0.092 2
	Y_C：生态环境响应	Y_6：人工造林面积	万亩	0.821 8	0.178 2	0.094 2
		Y_7：工业固体废物综合利用率	%	0.730 2	0.269 8	0.142 6
		Y_8：当年治理水土流失面积	km^2	0.653 7	0.346 3	0.183 1

B. 建立评价模型。

对清水江流域生态环境系统和经济社会系统进行耦合协调评价是否有意义，需对经济社会效益指数$f(X)$与生态环境效益指数$f(Y)$做皮尔森相关分析，若二者相关系数 $r>0.6$，则本研究建立的耦合协调发展度模型具有价值。具体表达式如下：

$$r=\frac{\sum_{i=1}^{n}[f(X_i)-f(\bar{X})]\times[f(Y_i)-f(\bar{Y})]}{\sqrt{\sum_{i=1}^{n}[f(X_i)-f(\bar{X})]^2}\times\sqrt{\sum_{i=1}^{n}[f(Y_i)-f(\bar{Y})]^2}}$$

在上式中，i 代表具体年份，r 为皮尔森相关系数。r 的绝对值越接近 1，表示 $f(X)$ 和 $f(Y)$ 的相关性越强。

笔者运用 SPSS 22.0 软件对 $f(X)$ 与 $f(Y)$ 序列值进行皮尔森相关分析，得出相关系数 $r=0.8978$。结果表明 $f(X)$ 与 $f(Y)$ 呈正相关关系。因此，下文对 T、C、D 进行测算与分析具有实际意义。

为了使耦合协调发展度能对应定性标准，在借鉴现有研究成果的基础上，本章设定的清水江流域生态经济系统耦合协调发展水平的度量标准分别见附表 12、附表 13。

附表 12　清水江流域生态经济系统耦合协调发展水平的度量标准（一）

耦合协调发展度	0~0.19	0.20~0.39	0.40~0.49	0.50~0.59
耦合协调发展等级	严重失调	中度失调	轻度失调	勉强协调
耦合协调发展度	0.60~0.69	0.70~0.79	0.80~0.89	0.90~1.00
耦合协调发展等级	初级协调	中级协调	良好协调	优质协调

附表 13　清水江流域生态经济系统耦合协调发展水平的度量标准（二）

耦合度	0~0.29	0.30~0.49	0.50~0.79	0.80~1.0
耦合协调类型	低水平	拮抗	磨合	高水平

③结果与分析。

笔者首先测算 $f(X)$ 与 $f(Y)$ 的值，再对清水江流域生态经济系统综合效益指数 T、耦合度 C、耦合协调发展度 D 进行测算，T、C、$D\in[0,1]$，将测算值与附表 12、附表 13 进行对应分析，得出 2013—2017 年清水江流域生态经济系统耦合协调发展的具体类型（见附表 14）。清水江流域城市生态经济系统耦合协调变化趋势见附图 1。

附表 14　2013—2017 年清水江流域生态经济系统耦合协调发展的具体类型

年份	$f(X)$	$f(Y)$	T	C	D	具体类型
2013	0.246 9	0.162 0	0.204 5	0.432 7	0.187 2	$f(X)>f(Y)$，拮抗耦合严重失调生态滞后型
2014	0.430 8	0.369 0	0.399 9	0.628 6	0.395 1	$f(X)>f(Y)$，磨合耦合中度失调生态滞后型
2015	0.346 4	0.461 1	0.403 8	0.622 6	0.387 7	$f(X)<f(Y)$，磨合耦合轻度失调经济滞后型
2016	0.533 2	0.670 7	0.601 9	0.765 7	0.586 3	$f(X)<f(Y)$，磨合耦合勉强协调经济滞后型
2017	0.764 0	0.737 8	0.750 9	0.866 3	0.750 5	$f(X)>f(Y)$，高水平耦合初级协调生态滞后型

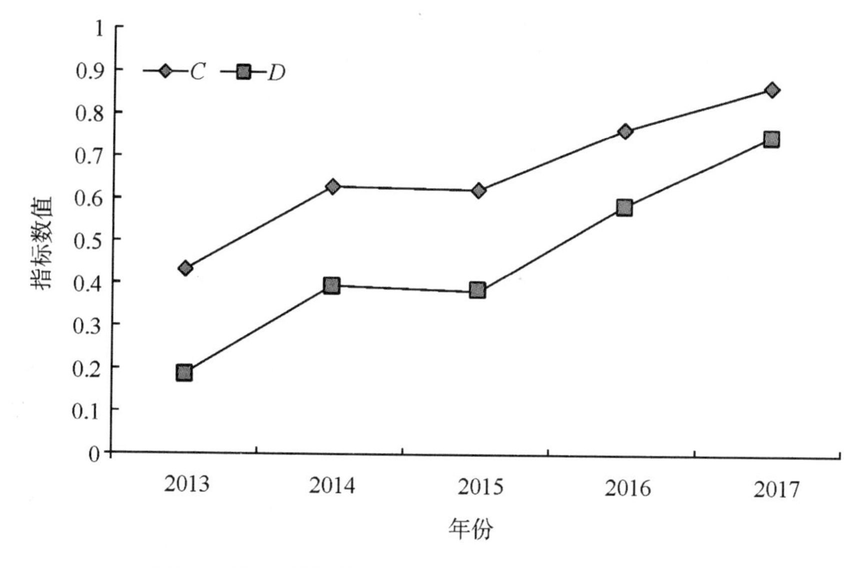

附图 1　清水江流域城市生态经济系统耦合协调变化趋势

由附表 4 可知，清水江流域经济社会效益指数呈现波动上升趋势，$f(X)$ 从 2013 年的 0.246 9 上升到 2017 年的 0.764 0，年均增长率约为 32.63%，表明经济发展迅速，产业结构不断优化，整体绩效良好。但 2015 年经济社会效益指数突降，这是由于在清水江流域较为严重的低温冷冻、地震、春寒、大范围风雹及地质灾害频发。清水江流域生态环境效益指数呈现平稳上升趋势，$f(Y)$从2013年的0.162 0上升到2017年的0.737 8，除2013年效益指数较低外，其余时间均较高且上升速度快，主要原因是2013年长江以南大部分地区出现了罕见的持续高温少雨天气，黔东南州与黔南州等地农作物受灾严重、水资源短缺，加之清水江流域自然灾害频发，对生态环境可持续发展产生了较大影响。清水江流域生态经济系统综合效益指数呈现快速增长趋势，年均增长率约为46.08%，反映出清水江流域生态环境与经济社会两大子系统耦合良好，二者优势相互补充，为全流域可持续发展创造了重要条件。2017年以来，清水江流域生态环境发展水平稳中有升且与经济社会发展差距渐趋缩小，二者发展趋向均衡。在研究时段，清水江流域生态环境效益较为显著，对于区域经济可持续发展贡献能力日益增强，为提升生态经济系统综合效益奠定了坚实基础。

2013年、2014年、2017年，$f(X) > f(Y)$，表明清水江流域生态环境发展滞后于经济社会发展，在生态经济系统发展进程中处于被支配地位，经济社会发展对于自然资源消耗较大；2015年、2016年，$f(X) < f(Y)$，反映出清水江流域经济社会发展较长时间滞后于生态环境发展，生态环境对于快速发展的城市化支撑作用较强。究其原因，虽然清水江流域是国家农产品主产区与省级重点生态功能区，但喀斯特与非喀斯特地貌间插县、喀斯特地貌县有9个，约占流域面积的2/3，它们的生态环境承载力较低。尽管清水江流域生态环境效益平稳上升且高于经济社会综合效益，但生态环境综合效益不高。因此，清水江流域在后续较长时间仍需加强对生态环境的保育与生态恢复工作。一般来说，后发达地区的经济社会快速发展要以牺牲生态环境效益为代价，清水江流域也不例外。

由附表14可知，2013—2017年清水江流域生态经济系统耦合协调发展度在总体上呈现平稳上升趋势，由2013年的0.187 2上升至2017年的0.750 5。其生态经济系统耦合协调演进呈现五个阶段：2013年，其生态经济系统属于拮抗耦合严重失调生态滞后型，反映出生态环境与经济社会相互匹配程度极低，二者的耦合协调发展处于强不可持续状态；2014年，其生态经济系统属于磨合耦合中度失调生态滞后型；2015年，其生态经济系统属于磨合耦合轻度失调经济滞后型，反映出清水江流域生态经济系统耦合协调发展模式由粗放逐渐向集约、绿色循环模式转变，生态环境逐渐得到修复；2016年，其生态经济系统属于磨合耦合勉强协调经济滞后型；2017年，其生态经济系统属于为高水平耦合初级协调生态滞后型，表明其生态环境保护与治理取得较大成效，出现良性耦合。2013—2017 年，清水江流域生态经济系统耦合协调发展水平不断提升，这主要受益于统筹城乡发展、新型城镇化与生态文明建设等国家重大战略与贵州省清水江流域综合规划的实施。目前，该区域初步形成了城市带动乡村生态农业与生态民族文化旅游产业及资源型工业发展的模式，为乡村基础设施、居住环境、卫生条件等硬环境与社会秩序、人际关系、村民素质等软环境逐渐满足美丽乡村田园综合体发展需求奠定了基础。

笔者运用 SPSS 20.0 依次测算 2013 年、2015 年、2017 年清水江流经的 16 个市（县）区域生态经济系统的 C 值与 D 值（见附图 2 到附图 4）。

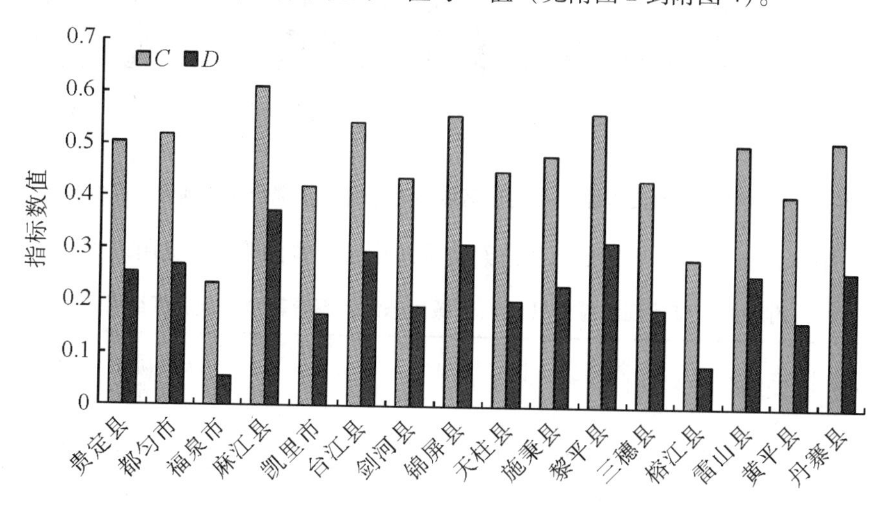

附图 2　2013 年清水江流域市（县）区域生态经济系统的耦合度和耦合协调发展度

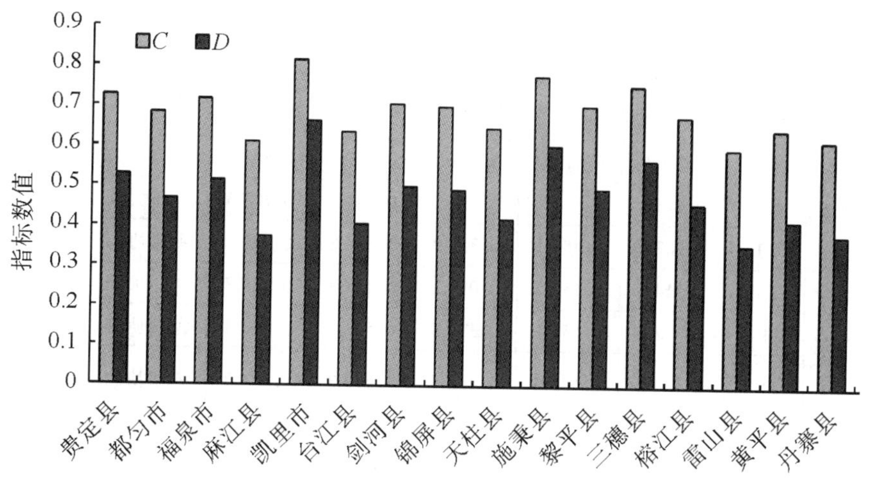

附图 3　2015 年清水江流域市（县）区域生态经济系统的耦合度和耦合协调发展度

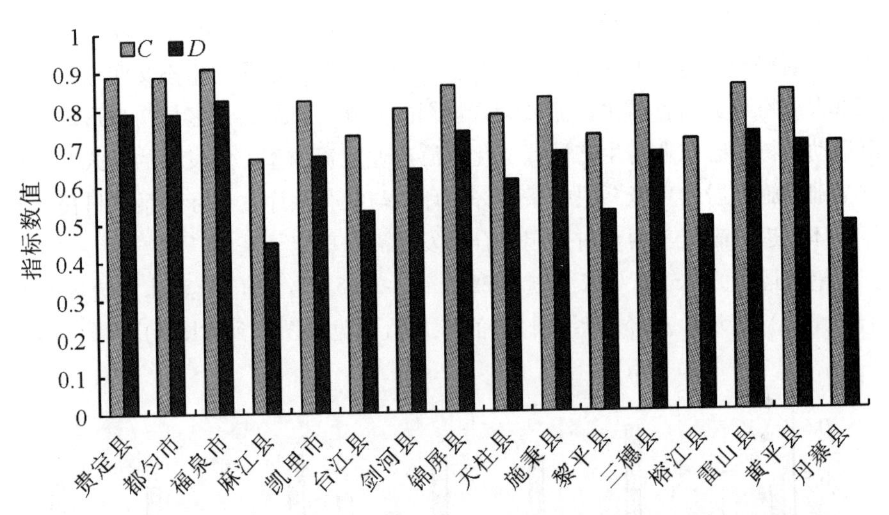

附图 4　2017 年清水江流域市（县）区域生态经济系统耦合度和耦合协调发展度

清水江流域市（县）区域生态经济系统耦合协调测算结果见附表 15。

附表 15　清水江流域市（县）区域生态经济系统耦合协调测算结果

区域	年份	$f(X)$	$f(Y)$	T	D	C	耦合协调发展等级	耦合协调类型
天柱县	2013	0. 178 4	0. 256 0	0. 045 7	0. 203 6	0. 451 2	中度失调	拮抗
	2015	0. 451 6	0. 393 7	0. 177 8	0. 418 7	0. 647 0	轻度失调	磨合
	2017	0. 824 9	0. 524 7	0. 432 9	0. 609 7	0. 780 8	初级协调	磨合
锦屏县	2013	0. 364 4	0. 279 3	0. 101 8	0. 310 7	0. 557 4	中度失调	磨合
	2015	0. 417 3	0. 714 3	0. 298 1	0. 490 5	0. 700 4	轻度失调	磨合
	2017	0. 723 6	0. 752 9	0. 544 8	0. 737 6	0. 858 9	中级协调	高水平耦合
黎平县	2013	0. 266 9	0. 517 0	0. 138 0	0. 316 2	0. 562 3	中度失调	磨合
	2015	0. 445 8	0. 576 7	0. 257 1	0. 494 7	0. 703 3	轻度失调	磨合
	2017	0. 682 9	0. 456 7	0. 311 9	0. 525 8	0. 725 1	勉强协调	磨合
三穗县	2013	0. 314 8	0. 159 4	0. 050 2	0. 188 9	0. 434 7	严重失调	拮抗
	2015	0. 512 2	0. 659 5	0. 337 8	0. 567 5	0. 753 3	勉强协调	磨合
	2017	0. 734 1	0. 638 0	0. 468 3	0. 679 3	0. 824 2	初级协调	高水平耦合

附表15(续)

区域	年份	$f(X)$	$f(Y)$	T	D	C	耦合协调发展等级	耦合协调类型
剑河县	2013	0.246 1	0.166 6	0.041 0	0.191 4	0.437 5	严重失调	拮抗
	2015	0.435 8	0.632 8	0.275 8	0.498 6	0.706 1	轻度失调	磨合
	2017	0.745 9	0.577 8	0.431 0	0.640 7	0.800 4	初级协调	高水平耦合
台江县	2013	0.249 2	0.467 2	0.116 4	0.294 9	0.543 0	中度失调	磨合
	2015	0.341 3	0.650 9	0.222 2	0.404 2	0.635 8	轻度失调	磨合
	2017	0.794 5	0.450 6	0.358 0	0.531 2	0.728 8	勉强协调	磨合
榕江县	2013	0.101 5	0.662 9	0.067 3	0.081 1	0.284 8	严重失调	拮抗
	2015	0.501 6	0.427 1	0.214 2	0.458 4	0.677 1	轻度失调	磨合
	2017	0.851 9	0.427 7	0.364 4	0.507 0	0.712 0	勉强协调	磨合
雷山县	2013	0.216 4	0.503 9	0.109 0	0.254 6	0.504 5	中度失调	磨合
	2015	0.360 5	0.352 1	0.126 9	0.356 2	0.596 8	中度失调	磨合
	2017	0.778 2	0.689 8	0.536 8	0.728 7	0.853 6	中级协调	高水平耦合
施秉县	2013	0.219 4	0.248 7	0.054 6	0.232 2	0.481 9	中度失调	拮抗
	2015	0.532 9	0.738 1	0.393 3	0.602 8	0.776 4	勉强协调	磨合
	2017	0.716 3	0.652 9	0.467 7	0.681 7	0.825 6	初级协调	高水平耦合
丹寨县	2013	0.221 1	0.411 2	0.090 9	0.261 6	0.511 4	中度失调	磨合
	2015	0.337 6	0.470 5	0.158 9	0.382 5	0.618 5	中度失调	磨合
	2017	0.705 8	0.323 1	0.228 0	0.382 0	0.618 0	轻度失调	磨合
麻江县	2013	0.346 5	0.407 0	0.141 0	0.371 9	0.609 9	中度失调	磨合
	2015	0.322 7	0.857 1	0.276 6	0.372 7	0.610 5	中度失调	磨合
	2017	0.776 5	0.379 5	0.294 7	0.449 8	0.670 6	轻度失调	磨合
黄平县	2013	0.290 7	0.140 1	0.040 7	0.166 0	0.407 4	严重失调	拮抗
	2015	0.356 9	0.588 1	0.209 9	0.417 6	0.646 2	轻度失调	磨合
	2017	0.769 4	0.656 7	0.505 3	0.704 2	0.839 2	中级协调	高水平耦合

附表15(续)

区域	年份	$f(X)$	$f(Y)$	T	D	C	耦合协调发展等级	耦合协调类型
凯里市	2013	0.166 1	0.187 1	0.031 1	0.175 3	0.418 7	严重失调	拮抗
	2015	0.633 0	0.700 9	0.443 6	0.663 5	0.814 5	初级协调	高水平耦合
	2017	0.666 9	0.684 2	0.456 3	0.675 3	0.821 8	初级协调	高水平耦合
都匀市	2013	0.266 4	0.271 6	0.072 4	0.268 9	0.518 6	中度失调	磨合
	2015	0.419 2	0.548 5	0.229 9	0.466 7	0.683 2	轻度失调	磨合
	2017	0.776 3	0.800 3	0.621 3	0.787 9	0.887 7	中级协调	高水平耦合
福泉市	2013	0.266 4	0.057 0	0.015 2	0.054 5	0.233 4	严重失调	低水平
	2015	0.451 4	0.638 7	0.288 3	0.513 3	0.716 5	勉强协调	磨合
	2017	0.827 2	0.823 3	0.681 0	0.825 2	0.908 4	良好协调	高水平耦合
贵定县	2013	0.256 8	0.252 4	0.064 8	0.254 6	0.504 5	中度失调	磨合
	2015	0.590 1	0.485 1	0.286 3	0.527 4	0.726 2	勉强协调	磨合
	2017	0.883 7	0.729 3	0.644 5	0.791 8	0.889 8	中级协调	高水平耦合

通过分析附表 15 的数据可知：2013—2017 年，清水江流域各市（县）生态经济系统耦合协调发展度均呈现上升趋势且增速较快。2013 年、2015 年与 2017 年清水江流域凯里、都匀与福泉 3 个县级市与贵定、麻江与黄平等 13 县生态经济系统的耦合协调的异质性显著，在动态变化中呈现出各自的演化特点。就市级区域而言，凯里市生态经济系统的耦合协调发展经历了“严重失调—初级协调”2 个阶段；都匀市生态经济系统的耦合协调发展经历了“中度失调—轻度失调—中级协调”3 个阶段；福泉市生态经济系统的耦合协调发展经历了“严重失调—勉强协调—良好协调”3 个阶段。三个城市的生态经济系统协调分异显著，整体协调演化呈现“中度失调聚集、轻度失调主导与中高水平协调居优”的分异特征。2017 年，福泉市生态经济系统耦合协调水平较高，都匀市居中，凯里市滞后。就县级地理单元而言，生态经济系统协调分异非常显著，整体协调演化呈现“失调聚集、低水平协调交错与中高水平协调交错”的分异特征：贵定县生态经济系统的耦合协调发展经历了“中度失调—勉强协调—中级协调”3 个阶段；麻江县生态经济系统的耦合协调发展经历

了“中度失调—轻度失调”2个阶段；台江县与黎平县生态经济系统的耦合协调发展经历了“中度失调—轻度失调—勉强协调”3个阶段；剑河县生态经济系统的耦合协调发展经历了“严重失调—轻度失调—初级协调”3个阶段；锦屏县生态经济系统的协调发展经历了“中度失调—轻度失调—中级协调”3个阶段；天柱县生态经济系统的耦合协调发展经历了“中度失调—轻度失调—初级协调”3个阶段；施秉县生态经济系统的耦合协调发展经历了“中度失调—勉强协调—初级协调”3个阶段；三穗县生态经济系统的耦合协调发展经历了“严重失调—勉强协调—初级协调”3个阶段；榕江县生态经济系统的耦合协调发展经历了“严重失调—轻度失调—勉强协调”3个阶段；雷山县生态经济系统的耦合协调发展经历了“中度失调—中级协调”2个阶段；黄平县生态经济系统的耦合协调发展经历了“严重失调—轻度失调—中级协调”3个阶段；丹寨县生态经济系统的耦合协调发展经历了“中度失调—轻度失调”2个阶段。2017年，贵定县、黄平县、雷山县、锦屏县生态经济系统的耦合协调发展水平较高，施秉县、剑河县、三穗县、天柱县生态经济系统的耦合协调发展水平居中，榕江县、台江县、黎平县生态经济系统的耦合协调发展水平较低，丹寨县与麻江县生态经济系统的耦合协调发展水平低。此结果表明：其一，清水江流域生态经济系统不断引入“负熵流”，使其耦合协调发展转向有序发展，逐渐实现了生态环境与经济社会的和谐互动；其二，相关政策的实施推动了贵州民族区域生态经济系统综合实力的提升，为全流域新型城镇化快速发展奠定了基础；其三，清水江流域经济基础薄弱、生态环境禀赋受限，成为制约生态经济系统优质协调发展的短板。

清水江流域生态经济系统耦合协调发展总体呈现波动上升趋势，演化模式为“拮抗—磨合—高水平”，2013年生态经济系统处于较低水平耦合期，说明生态环境与社会经济之间相互作用较低、关联不大且处于无序发展状态；2014—2016年生态环境系统与经济社会系统耦合达到拮抗期，反映出二者之间的交互作用逐渐加强，经济社会发展处于优势地位，生态环境轻微滞后，生态环境响应能力不断增强；2017年生态环境系统与经济社会系统耦合协调发展进入高水平耦合期，表明二者之间的相互作用持续增强，呈现良性耦合特征，为生态经济系统趋向优质协调奠定了基础。就各市（县）而言，耦合演化异质性极为显著，具体可归结为6种耦合模式。福泉市生态经济系统呈现“低水平—磨合—高水平”耦合演化模式，都匀市、贵定县、雷山县与锦屏县生态经济系统呈现“磨合—高水平”耦合演化模式，凯里市生态经济系统呈现“拮抗—高水平”耦合演化模式，黄平县、施秉县、剑河县与三穗县生态经济系统呈现“拮抗—磨合—高水平”耦合演化模式，麻江县、丹寨县、榕江县、台江县与黎平县生态经济系统呈现“磨合”耦合演化模式，榕江县与天柱县生态经济系统呈现“拮抗—磨合”耦合演化模式。

以上分析表明，清水江流域生态经济系统在整体上呈现“三阶段”耦合演化模式，而各市（县）生态经济系统的耦合演化模式包括“三阶段”“两阶段”“一阶段”，且以“两阶段”耦合演化模式为主。在耦合演化模式方面，清水江流域上游城市核心区与外围区应优先形成磨合耦合，清水江上游城市群之间应达到高水平耦合，清水江上游（河源至重安江汇口）、中游（重安江汇口至锦屏六洞河汇口）与下游（锦屏六洞河汇口至湘黔省界）应实现磨合与高水平耦合交错，清水江流域城市与乡村应形成磨合耦合。

（3）清水江流域生态经济系统耦合协调发展面临的主要问题与优化策略。

①清水江流域生态经济系统耦合协调发展面临的主要问题。

结合上文研究，笔者主要针对抑制清水江流域可持续发展的基础要素存在的严重问题进行分析。

第一，乡村生产面源污染日趋严重，生态环境质量不高。

随着清水江流域全流域城镇化进程加快，城镇工业逐渐向郊区与乡村迁移，各类污染已严重威胁着乡村生态环境可持续发展与生态文明建设进程。特别是乡村面源污染日趋严重。清水江流域种植业、养殖业十分发达。畜禽养殖粪便及过量使用化肥与农药造成的污染已经成为江河水域重要的污染因素。清水江流域饮用水源地的居民大多从事农业，人口增速较快，不合理的经济社会活动仍较为频繁；约半数饮用水源地处于岩溶地区，地表崎岖、土壤贫瘠、涵养水源功能差，生态经济系统较为脆弱。人地作用对水源地生态环境胁迫效应日益增强，主要表现在三个方面：其一，污水处理设施中人工湿地植物已枯萎，严重影响污水处理效果；其二，水源污染物超标，有效治理的缺乏与监管效率低，导致水质出现弱矿化度、低硬度与中度营养化等特征；其三，饮用水源地准保护区的商业与旅游节事活动对于水质净化产生了较大影响。大部分乡村缺乏生活污水和垃圾的收集和处理设施，无法保持环境综合治理效果，无法控制作物秸秆与其他废弃物任意堆放或倾倒的现象。在乡村，水塘、沟渠成为污水池与垃圾堆放场所。从全局考虑，乡村生态环境是清水江流域可持续发展的重要组成部分，其质量下降对乡村振兴计划的实现与美丽乡村创建有着较大的负面影响，给清水江流域生态经济系统可持续发展带来了严峻挑战。

第二，城镇化进程加快，对资源环境形成胁迫。

城镇化进程的加快对郊区或乡村生态环境美化也带来了严峻的挑战，致使农业赖以发展的水土资源短缺，严重影响了乡村发展的综合效益的提升，具体表现在以下三个方面：一是城区用地迅速扩张，导致耕地、水田、绿园等环城与中远郊区农用地逐渐转化为城市用地，农业发展的基础要素面临较大威胁；二是生产与生活用水需求量增加，影响着城乡水资源供需平衡，制约农业用水及灌溉农业发展能力；三是城镇区域不断扩大，进一步加剧基本建设占地与农田保护之间的矛盾。

第三，乡村生活方式落后，生活空间缺乏有效规划。

近年来，清水江流域乡村经济社会得到较快发展，乡村居民纯收入不断提升，但为城镇居民提供饮食、居住、消费与福利保障的乡村地域功能空间分异较为明显。在乡村，仍存在较多落后的生活方式，如用秸秆木柴做饭、烧煤炭取暖、建大量木屋等，看似生活原生态，实则不利于生态环境保育，且不利于建设美丽乡村。除此而外，还有部分乡村居民不注重生活区域的卫生整洁；采取放养方式养殖畜禽，致使粪便随处可见。有些村庄的区位较好，居住的多是非青壮劳力、租户与自耕农，他们在农业生产与日常生活中所需工具及物品较多、居住空间面积有限，因而存在违规搭建的行为。例如，圈地变成私人后花园，门厅外挤占道路，沿边搭棚建成小房子。形形色色的无审批、无规划的违建成为乡村生活空间优化的障碍。私搭乱建严重影响了乡村生活景观，对于美丽乡村建设有一定的负面影响。

第四，现代农业产业的整体水平不高，传统二元经济结构转化滞后。

改革开放40余年来，清水江流域农业产业现代化水平不断提升，但仍滞后于城镇化与工业化发展速度。与东部发达地区现代农业增加值所占比重进行比较，清水江流域农业增加值占比较低。清水江流域的产业扶贫资金主要来源于政府投入，政府投入能力毕竟有限，难以全包全揽、面面俱到，导致各市（县）现代农业产业发展不平衡且未产生较大的规模效益。这对作为国家农产品主产区与省级重点生态功能区的清水江流域绿色生产力的提升具有一定的影响。

②清水江流域生态经济系统耦合协调发展的优化策略。

第一，优化生态环境策略的探讨。

首先，加快推进岩溶山区生态环境保育与修复工程建设，对生态环境脆弱的地区进行科学调控。在生态环境保育过程中，清水江流域相关部门应采取适度开发与有效保护并重的策略，将土地利用优化、生态补偿、教育补偿及科学管理相结合，构建岩溶山区农林生态复合系统。例如：将乡村荒废的土地，在政府补偿机制的作用下，用以发展特色山地农业或者进行退耕还林还草，使其成为修复乡村生态空间的后备资源；加快生态州、生态市（县）建设步伐，强化水环境治理，解决清水江流域上游生产污染问题；大力发展生态经济、旅游经济与低碳经济，创新节水科技，推进水源保护区生态文明建设；全面深入推行“河长制”，严格完善水环境保育措施。清水江流域相关部门在岩溶区饮用水源地生态环境保护与修复的工作开展中，应坚持统筹规划原则与依法治理原则，逐渐降低脆弱性主要胁迫因素对饮用水水源地人地关系协调发展的影响。

其次，将清水江流域建成重要的乡村旅游、新能源基地与生物资源深加工基地。从自然资源的丰度来看，清水江全流域可更新自然资源、生物资源与山地旅游资源储量可观，潜力巨大。清洁能源与新能源的应用能减少经济社会发展对非可再生资源的依赖。

再次，建立大学生志愿者管理制度，加强公众环境教育普及工作，提升“两山”理论、软科技与民族文化等非物质类要素对环境保护的贡献力度，实现清水江流域生态环境的园林化、宜人化、家园化。

最后，继续推进水污染防治措施。在水源保护区，有关部门应制定切实可行的水源区教育补偿条例，通过提高人口素质，鼓励青少年自觉转移到非水源区学习、生活和就业，以实现水源保护区人口数量减少、水系统安全及生态环境可持续发展的目标。

第二，优化经济社会发展策略的探讨。

首先，清水江流域乡村旅游、民族医药、山地高效农田、大数据科技与民族文化等产业发展前景好。当地政府可将特色传统产业与新兴产业结合起来，加快为城镇居民提供资源、产业与就业的乡村地域空间的可持续发展步伐。例如：清水江流域乡村地域生活与生产空间具有独特的苗、侗、土家等众多少数民族风情文化旅游景观。当地政府应继续打造乡村生活与生产领域的特色旅游业，从而形成强大的集聚规模效益。

其次，优化复合类产业结构，以发展绿色经济为准则，将“再利用、减量化、再循环”的理念作为生态经济系统有序运行的原则。

再次，实现生态空间功能、生产空间功能与生活空间功能的布局优化与协调统一发展，并使生态经济系统空间规划符合“两型社会”发展的需求，为贵州省其他流域国土空间布局提供示范。

最后，推动生态产业建设与发展，促进人与生态健康、绿色经济与自然环境协调发展，逐步构建集富裕、健康与文明为一体的生态经济系统。

（4）结论与研究启示。

①结论。

本章运用改进的熵值法与耦合协调发展度模型对 2013—2017 年清水江流

域生态经济系统耦合协调发展水平进行测度与分析，得出以下结论：

第一，清水江流域生态经济系统综合效益指数呈现较快上升趋势，生态环境效益指数年均增长速率高于经济社会效益指数。但在 2017 年，其生态环境效益指数仍低于经济社会效益指数。

第二，清水江流域生态经济系统耦合协调发展经历了“严重失调—中度失调—轻度失调—勉强协调—初级协调”5 个阶段，耦合过程经历了“拮抗—磨合—高水平耦合”3 个阶段。2017 年，其生态经济系统耦合协调发展属于高水平耦合初级协调生态滞后型。

第三，清水江流域 16 个市（县）的生态经济系统协调分异显著。市级地域整体协调演化呈现“中度失调聚集、轻度失调主导与中高水平协调居优”的分异特征，县级地域整体协调演化呈现“失调聚集、低水平协调交错与中高水平协调交错”的分异特征。

第四，清水江流域 16 个市（县）生态经济系统的耦合演化模式以“两阶段”为主。

②研究启示。

从以上分析可以看出，清水江流域生态经济系统蕴藏的开发潜力尚未有效开发。生态经济系统的可持续发展不仅关系到当地经济发展和人们生活水平的提高，而且也与国家战略与民族政策的实施密不可分。为了实现生态经济系统良性循环，提高生态子系统的承载力，使生态经济系统达到高层次耦合协调发展目标，笔者认为本研究对山地城市化与生态环境耦合协调发展有着重要启示，今后应从以下方面优化方案设计：

第一，高效开发可再生资源，减少生态子系统的运行负荷。清水江流域拥有丰富的水能、生物质能、风能、页岩气等可再生资源。当地政府可将这些资源作为重点进行开发，不断提高其利用效率。从能值足迹的组成考虑，这些自然资源的有效开发能够提高能值总量，减少污染物排放；既能保护环境、减轻生态压力，也能减少人类向自然索取更多不可再生能源。

第二，加强流域综合治理，构建生态安全屏障。在城市化进程中，岩溶山区生态环境安全非常重要。因此，应重点推进江河流域及水源保护区生态环境建设，加快植树造林的步伐，提高森林覆盖率。生态环境质量的提高，有利于提供更大的生态容量，促进自然资本收入的增加。

第三，培育高新技术产业园，加快推进第四产业发展进程。清水江流域作为国家农产品主产区与省级重点生态功能区，其生态环境和经济社会耦合协调发展离不开现代工业基础的支撑。全流域生态资源与民族文化资源得天独厚，为低能耗的新产业发展奠定了基础。运用好这些资源有利于第四产业的可持续发展。

第四，增强全流域城市生态环境响应能力与加强生态文明建设。清水江流域岩溶面积较广，水土流失、地质灾害与水源污染等问题致使流域生态环境脆弱，且破坏后修复难度较大、周期较长。因此，清水江流域市（县）生态环境响应能力需进一步加强，生态文明建设工作需纵深开展。

第五，发展城市特色产业，构建清水江上游城市群。清水江流域具有独特的民族文化旅游景观、农特优产品、民族中药材与水能等重要资源。当地政府通过整合优势资源，提升各地之间的产业关联度，以特色优势产业为纽带，打造清水江上游城市群，逐渐提升全域聚集的规模与市场效益。

清水江流域各市（县）生态经济系统指标数据分别见附表 16 到附表 31。

附表 16　天柱县生态经济系统指标数据

指标层	2013 年	2014 年	2015 年	2016 年	2017 年
人均地区生产总值/元	18 871	22 661	25 857	29 947	30 089
地区生产总值/亿元	49. 14	59. 10	67. 37	78. 28	79. 07
社会消费品零售额/万元	137 625	154 894	172 037	194 895	216 150
财政收入/万元	65 400	75 668	81 379	85 580	83 334
第三产业占地区生产总值的比重/%	40. 4	42. 5	42. 2	44	48. 8
第二产业占地区生产总值的比重/%	39. 7	39	36. 5	34. 8	29
城镇居民人均可支配收入/元	19 035	20 441	22 587	24 733	27 083
农民居民人均纯收入/元	5 601. 0	6 349	7 098	7 765	8 580
个人储蓄存款/万元	445 062	499 261	555 357	607 053	445 062
森林覆盖率/%	56. 34	58. 52	59. 85	60. 16	66. 31
人均水资源量/m^3	5 219	5 768	7 622	4 201	5 639
工业废水排放量/万吨	33. 52	28. 02	39. 78	58. 41	76. 93
二氧化硫排放量/万吨	3 626. 68	3 647. 24	3 746. 33	4 150. 68	3 606. 68
工业固体废弃物产生量/万吨	0. 86	0. 96	1. 11	9. 55	0. 03
人工造林面积/万亩	3. 43	3. 49	2. 81	5. 1	0. 6
工业固体废物综合利用率/%	100	100	100	100	100
当年治理水土流失面积/km^2	1	4	1	3	3
常住人口/万人	26. 08	26. 04	26. 07	26. 21	26. 36

附表 17　锦屏县生态经济系统评价指标数据

指标层	2013 年	2014 年	2015 年	2016 年	2017 年
人均地区生产总值/元	16 432	19 746	22 632	26 174	27 542
地区生产总值/亿元	25. 24	30. 34	34. 76	40. 36	47. 72
社会消费品零售额/万元	73 677	82 618	92 396	104 845	115 869
财政收入/万元	36 228	30 324	35 328	38 931	41 909
第三产业占地区生产总值的比重/%	48. 39	49. 27	46. 4	48	50. 2
第二产业占地区生产总值的比重/%	35. 61	35. 23	33	31. 8	29. 5
城镇居民人均可支配收入/元	18 921	20 443	22 589	24 623	26 716
农民居民人均纯收入/元	4 944. 0	5 705	6 390	7 080	7 781
个人储蓄存款/万元	269 100	303 749	350 489	403 828	400 600
森林覆盖率/%	71. 11	71. 3	71. 7	71. 929	72. 02
人均水资源量/m^3	6 500	7 656	9 792	4 073	4 264
工业废水排放量/万吨	26. 48	28. 97	30. 36	28. 44	30. 7
二氧化硫排放量/万吨	1 438. 63	1 435. 15	1 485. 86	1 717. 06	1 542. 51
工业固体废弃物产生量/万吨	0. 26	0. 23	0. 77	1. 3	3. 32
人工造林面积/万亩	4. 74	4. 19	2	1. 02	0. 69
工业固体废物综合利用率/%	100	100	100	100	100
当年治理水土流失面积/km^2	1	3	5. 74	5	5. 62
常住人口/万人	15. 38	15. 35	15. 37	15. 47	15. 55

附表 18　黎平县生态经济系统评价指标数据

指标	2013 年	2014 年	2015 年	2016 年	2017 年
人均地区生产总值/元	12 132	14 719	17 300	20 590	21 277
地区生产总值/亿元	47. 18	57. 25	67. 27	80. 32	83. 42
社会消费品零售额/万元	140 941	168 851	188 880	213 918	236 616
财政收入/万元	56 530	58 513	67 319	77 827	62 410
第三产业占地区生产总值的比重/%	50. 45	50. 5	50. 4	52	60
第二产业占地区生产总值的比重/%	29. 33	29. 01	26. 3	25. 3	16. 8

附表18(续)

指标	2013 年	2014 年	2015 年	2016 年	2017 年
城镇居民人均可支配收入/元	18 990	20 484	22 676	24 966	27 188
农村居民人均纯收入/元	5 201.0	5 945	6 587	7 213	7 963
个人储蓄存款/万元	479 833	522 884	580 366	647 821	709 700
森林覆盖率/%	70.99	71.27	71.65	71.95	72.05
人均水资源量/m^3	5 877	6 451	10 069	8 062	25 634
工业废水排放量/万吨	34.2	43.58	33.28	49.5	8
二氧化硫排放量/万吨	3 332.71	3 027.04	2 969.75	3 483.73	2 332.66
工业固体废弃物产生量/万吨	0.73	0.41	4.57	8.25	3
人工造林面积/万亩	6.46	7.28	2.77	9.35	0.17
工业固体废物综合利用率/%	100	100	99.43	99	99.19
当年治理水土流失面积/km^2	0.55	0.11	0.66	0.5	0.5
常住人口/万人	38.93	38.86	38.91	39.11	39.3

附表 19　三穗县生态经济系统评价指标数据

指标层	2013 年	2014 年	2015 年	2016 年	2017 年
人均地区生产总值/元	16 071	19 833	22 779	26 750	27 843
地区生产总值/亿元	24.99	30.81	35.33	41.65	43.60
社会消费品零售额/万元	98 691	11 089	124 405	141 225	157 468
财政收入/万元	39 457	43 268	46 352	39 678	44 995
第三产业占地区生产总值的比重/%	51.3	52.64	52.11	53.7	57.6
第二产业占地区生产总值的比重/%	30.4	29.5	27.51	26.8	22.5
城镇居民人均可支配收入/元	19 081	20 677	22 931	25 155	27 696
农村居民人均纯收入/元	5 389.0	6 168	6 933	7 723	8 596
个人储蓄存款/万元	218 239	240 172	268 531	303 238	306 900
森林覆盖率/%	55.62	57.02	60.4	60.64	62.83
人均水资源量/m^3	3 292	4 308	5 505	6 564	373
工业废水排放量/万吨	59.39	90.15	129.32	136.64	125.04
二氧化硫排放量/万吨	2 118.41	2 114.88	2 172.83	2 367.85	2 092.96

附表19(续)

指标层	2013 年	2014 年	2015 年	2016 年	2017 年
工业固体废弃物产生量/万吨	2.5	2.27	5.07	5.29	0.69
人工造林面积/万亩	2.34	0.45	3	2.09	1.25
工业固体废物综合利用率/%	26.46	99.21	99.24	100	100
当年治理水土流失面积/km^2	1	3	1	3	3
常住人口/万人	15.57	15.5	15.52	15.62	15.7

附表 20　剑河县生态经济系统评价指标数据

指标层	2013 年	2014 年	2015 年	2016 年	2017 年
人均地区生产总值/元	14 525	17 252	19 953	23 122	24 391
地区生产总值/亿元	26.24	31.18	36.06	41.92	44.44
社会消费品零售额/万元	59 871	67 494	96 067	109 152	121 449
财政收入/万元	44 485	45 697	52 618	55 475	53 436
第三产业占地区生产总值的比重/%	56.4	58.1	55.7	57.1	58.4
第二产业占地区生产总值的比重/%	18.53	18.4	17	16.7	15.3
城镇居民人均可支配收入/元	18 939	20 538	22 756	24 941	27 211
农村居民人均纯收入/元	5 071.0	5 825	6 524	7 222	7 951
个人储蓄存款/万元	230 414	270 924	302 965	343 052	394 000
森林覆盖率/%	69.2	69.2	70.87	70.81	70.91
人均水资源量/m^3	7 407	8 234	11 145	10 077	7 371
工业废水排放量/万吨	40.33	31.82	24.84	16.78	16.55
二氧化硫排放量/万吨	1 343.5	1 392.68	1 647.96	1 288.39	1 280.4
工业固体废弃物产生量/万吨	0.1	0.23	0.83	0.64	0.64
人工造林面积/万亩	1.38	1.1	0.72	3.5	0.94
工业固体废物综合利用率/%	89.9	100	99.82	99.77	100%
当年治理水土流失面积/km^2	1	3	1	3	3
常住人口/万人	18.09	18.06	18.08	18.18	18.26

附表 21　台江县生态经济系统评价指标数据

指标层	2013 年	2014 年	2015 年	2016 年	2017 年
人均地区生产总值/元	16 713	17 252	22 931	27 039	30 169
地区生产总值/亿元	18.56	22.20	25.47	30.23	33.80
社会消费品零售额/万元	41 969	50 153	55 333	62 716	69 404
财政收入/万元	31 091	25 828	27 349	35 335	36 344
第三产业占地区生产总值的比重/%	54.9	57.4	57.84	59.4	60.74
第二产业占地区生产总值的比重/%	23.2	22.6	18.54	18	17.76
城镇居民人均可支配收入/元	18 892	20 320	22 230	24 120	26 243
农村居民人均纯收入/元	4 839.0	5 580	6 171	6 819	7 569
个人储蓄存款/万元	156 711	166 300	177 300	203 300	240 700
森林覆盖率/%	65.47	65.47	67.1	67.71	68.3
人均水资源量/m^3	6 995	7 070	8 932	4 732	4 732
工业废水排放量/万吨	13.3	12.87	33.4	11.24	0.96
二氧化硫排放量/万吨	1 002.52	967.75	1 003.99	1 136.05	834.55
工业固体废弃物产生量/万吨	2.69	2.52	3.03	0.96	0.32
人工造林面积/万亩	1.01	0.48	1.11	0	2.5
工业固体废物综合利用率/%	39	32.4	95.43	87.36	89
当年治理水土流失面积/km^2	42.63	9	7.21	10.18	17.7
常住人口/万人	11.12	11.1	11.11	11.18	11.23

附表 22　榕江县生态经济系统评价指标数据

指标层	2013 年	2014 年	2015 年	2016 年	2017 年
人均地区生产总值/元	12 366	14 460	16 868	19 749	21 896
地区生产总值/亿元	35.43	41.40	48.26	56.69	63.17
社会消费品零售额/万元	90 200	101 600	127 600	145 000	160 511
财政收入/万元	62 000	73 900	85 200	86 500	75 800
第三产业占地区生产总值的比重/%	41.9	43.7	43.98	45.4	45.4
第二产业占地区生产总值的比重/%	27.2	28.1	26.56	25.7	26.4

附表22(续)

指标层	2013 年	2014 年	2015 年	2016 年	2017 年
城镇居民人均可支配收入/元	18 960	20 358	22 496	24 566	26 875
农村居民人均纯收入/元	5 035.0	5 766	6 464	7 169	7 965
个人储蓄存款/万元	320 270	356 127	376 405	453 206	491 200
森林覆盖率/%	75.62	74.52	73.01	73.01	73.11
人均水资源量/m^3	6 400	8 737	11 778	9 603	11 778
工业废水排放量/万吨	29.33	16.22	26.5	28.02	5.92
二氧化硫排放量/万吨	2 047.82	2 041.33	2 100.3	2 459.16	1 822.78
工业固体废弃物产生量/万吨	3.91	1.22	1.02	2.14	0.97
人工造林面积/万亩	1.82	0.74	0.58	0.04	0
工业固体废物综合利用率/%	100	99.78	100	100	100
当年治理水土流失面积/km^2	1	5	1.25	5	9.06
常住人口/万人	28.67	28.59	28.63	28.78	28.92

附表 23　雷山县生态经济系统评价指标数据

指标层	2013 年	2014 年	2015 年	2016 年	2017 年
人均地区生产总值/元	14 951	17 947	20 324	23 954	26 983
地区生产总值/亿元	17.47	20.98	23.76	28.11	31.83
社会消费品零售额/万元	14 951	17 947	20 324	23 954	26 983
财政收入/万元	45 934	51 600	61 900	70 289	78 140
第三产业占地区生产总值的比重/%	54	55.2	56.73	59.4	60.6
第二产业占地区生产总值的比重/%	22.9	23.49	17	15.8	15.9
城镇居民人均可支配收入/元	18 884	20 383	22 564	24 662	27 128
农村居民人均纯收入/元	5 299.0	6 064	6 810	7 559	8 406
个人储蓄存款/万元	151 924	180 031	201 089	235 319	259 300
森林覆盖率/%	70.32	70.16	68.49	69.35	72.52
人均水资源量/m^3	7 003	7 049	10 863	3 545	6 757
工业废水排放量/万吨	4.3	5.55	6.12	5.97	14.31
二氧化硫排放量/万吨	958.44	955.79	935.95	939.1	774.27

附表23(续)

指标层	2013 年	2014 年	2015 年	2016 年	2017 年
工业固体废弃物产生量/万吨	5.39	2.38	0	0.02	0
人工造林面积/万亩	1.49	0.62	0.92	2.13	1.01
工业固体废物综合利用率/%	99.99	42.58	97.01	97.46	98.39
当年治理水土流失面积/km²	1	3	1	3	5
常住人口/万人	11.7	11.68	11.7	11.77	11.82

附表 24　施秉县生态经济系统评价指标数据

指标层	2013 年	2014 年	2015 年	2016 年	2017 年
人均地区生产总值/元	17 763	20 910	23 598	26 730	28 764
地区生产总值/亿元	23.19	27.33	30.84	35.07	37.94
社会消费品零售额/万元	56 267	67 261	74 451	84 290	93 514
财政收入/万元	37 135	30 395	37 180	39 130	34 362
第三产业占地区生产总值的比重/%	48.89	52.07	50.7	53.6	53.4
第二产业占地区生产总值的比重/%	26.48	26.49	25.1	22	22.7
城镇居民人均可支配收入/元	19 014	20 399	22 541	24 660	26 805
农村居民人均纯收入/元	5 737.0	6 497	7 205	7 868	8 671
个人储蓄存款/元	167 469	222 800	295 651	326 391	293 500
森林覆盖率/%	54.98	54.71	55.05	54.87	54.97
人均水资源量/m³	5 894	6 138	7 540	6 297	6 271
工业废水排放量/万吨	20.15	20.59	22	27.12	24.91
二氧化硫排放量/万吨	1 403.97	1 401.01	1 428.38	1 611.99	1 039.51
工业固体废弃物产生量/万吨	2.37	4.47	4.34	5.78	6.2
人工造林面积/万亩	2.02	1.71	0.39	3.3	0.49
工业固体废物综合利用率/%	97.76	99.97	100	100	100
当年治理水土流失面积/km²	8.8	14	16.7	13.5	16.25
常住人口/万人	13.08	13.06	13.08	13.16	13.22

附表 25　丹寨县生态经济系统评价指标数据

指标层	2013 年	2014 年	2015 年	2016 年	2017 年
人均地区生产总值/元	14 750	17 432	19 967	23 457	25 205
地区生产总值/亿元	18. 03	21. 34	24. 44	28. 83	31. 15
社会消费品零售额/万元	40 473	45 800. 2	54 514	61 972	68 889
财政收入/万元	22 422	204 873	23 182	26 196	27 500
第三产业占地区生产总值的比重/%	47. 1	49. 1	47. 4	49. 6	53. 5
第二产业占地区生产总值的比重/%	29. 3	29	26. 8	25. 5	22. 3
城镇居民人均可支配收入/元	18 906	20 555. 04	22 795	25 029	27 482
农村居民人均纯收入/元	5 070. 0	6 398. 99	6 595	7 340	27 482
个人储蓄存款/元	169 289	194 402	211 625	225 481	235 700
森林覆盖率/%	62. 16	63. 75	66. 3	66. 82	70. 77
人均水资源量/m^3	5 202	6 804	9 910	6 739	4 120
工业废水排放量/万吨	55. 21	58. 35	297. 72	214. 98	25. 09
二氧化硫排放量/万吨	1 030. 85	1 017. 32	1 050. 23	1 212. 39	768. 64
工业固体废弃物产生量/万吨	2. 91	2. 1	2. 02	2. 12	2. 07
人工造林面积/万亩	3. 93	2. 03	1. 26	2. 07	0. 53
工业固体废物综合利用率/%	74. 7	77. 7	77. 99	79. 99	80. 16
当年治理水土流失面积/km^2	47. 5	57. 9	14. 5	15. 5	14. 8
常住人口/万人	12. 25	12. 23	12. 25	12. 33	12. 39

附表 26　麻江县生态经济系统评价指标数据

指标层	2013 年	2014 年	2015 年	2016 年	2017 年
人均地区生产总值/元	15 451	18 280	21 728	24 895	26 522
地区生产总值/亿元	25. 68	22. 32	26. 53	30. 52	32. 70
社会消费品零售额/万元	51 146	46 962	42 719	48 281	53 367
财政收入/万元	26 100	31 500	30 000	35 100	23 400
第三产业占地区生产总值的比重/%	44. 04	50. 4	45	49	23. 9
第二产业占地区生产总值的比重/%	35. 18	28. 85	26	25	50. 3

附表26(续)

指标层	2013 年	2014 年	2015 年	2016 年	2017 年
城镇居民人均可支配收入/元	18 983	20 605	22 645	24 547	27 280
农村居民人均纯收入/元	5 112. 0	5 870	6 569	7 259	8 050
个人储蓄存款/万元	214 698	222 590	237 884	277 179	322 900
森林覆盖率/%	50. 25	51. 43	52. 81	52. 09	59. 46
人均水资源量/m^3	4 575	7 057	8 977	3 899	4 731
工业废水排放量/万吨	38. 29	64. 04	61	32. 89	12. 09
二氧化硫排放量/万吨	1 422. 75	1 351. 8	1 585. 68	1 609. 64	1 304. 24
工业固体废弃物产生量/万吨	8. 28	0. 9	8. 04	1. 32	0. 02
人工造林面积/万亩	1. 88	1. 36	2. 51	2. 2	0. 78
工业固体废物综合利用率/%	100	87. 57	100	100	100
当年治理水土流失面积/km^2	0	8. 53	21. 7	17. 37	5. 6
常住人口/万人	12. 22	12. 23	12. 25	12. 33	12. 36

附表 27　黄平县生态经济系统评价指标数据

指标层	2013 年	2014 年	2015 年	2016 年	2017 年
人均地区生产总值/元	11 815	14 245	16 621 元	19 530 元	21 772
地区生产总值/亿元	31. 02	37. 43	43. 66	51. 48	57. 71
人均社会消费品零售额/元	74 946	99 015	110 300	125 000	138 112
人均财政收入/元	43 200	46 700	48 700	52 500	52 400
第三产业占地区生产总值的比重/%	59. 33	60. 57	55. 1	57	58. 1
第二产业占地区生产总值的比重/%	12. 44	12. 64	11. 4	11. 1	11. 4
城镇居民人均可支配收入/元	18 971	20 610	22 815	24 982	27 280
农村居民人均纯收入/元	5 049. 0	5 816	6 526	7 257	8 004
个人储蓄存款/万元	325 260	350 398	406 798	407 823	485 000
森林覆盖率/%	45. 88	46. 8	50. 67	55. 12	58. 64
人均水资源量/m^3	2 569	3 395	4 113	3 663	2 673. 5
工业废水排放量/万吨	35. 67	126. 92	127. 83	120. 22	16. 04
二氧化硫排放量/万吨	1 597. 67	1 601. 85	1 665. 6	1 991. 5	3 126. 84

附表27(续)

指标层	2013 年	2014 年	2015 年	2016 年	2017 年
工业固体废弃物产生量/万吨	1. 25	2. 04	3. 66	5. 03	3. 7
人工造林面积/万亩	3. 07	2. 1	3. 34	3. 24	1. 05
工业固体废物综合利用率/%	57. 77	92. 89	100	99. 68	100
当年治理水土流失面积/km^2	16. 59	16	14. 17	24. 65	27
常住人口/万人	26. 3	26. 25	26. 28	26. 44	26. 57

附表 28　凯里市生态经济系统评价指标数据

指标层	2013 年	2014 年	2015 年	2016 年	2017 年
人均地区生产总值/元	16 838	34 994	39 211	45 022	42 459
地区生产总值/亿元	148. 09	186. 71	210. 21	243. 39	231. 04
社会消费品零售额/万元	775 800	1 001 412	1 001 400	1 137 000	1 263 100
财政收入/万元	478 900	514 200	584 400	596 000	484 200
第三产业占地区生产总值的比重/%	59. 3	60. 65	61. 7	62. 1	70. 2
第二产业占地区生产总值的比重/%	34	33. 21	32. 3	31. 8	23. 2
城镇居民人均可支配收入/元	20 790	22 401	24 686	26 784	29 355
农村居民人均纯收入/元	6 945	7 879	8 817	9 752	10 786
个人储蓄存款/万元	1 465 900	1 624 700	1 693 700	1 885 900	1 950 500
森林覆盖率/%	55. 5	56	56	56	55. 94
人均水资源量/m^3	1 482	1 485	2 321	1 809	1 801
工业废水排放量/万吨	687. 11	761. 54	762. 57	868. 35	145. 23
二氧化硫排放量/万吨	1 580. 85	17 073. 78	17 549. 16	15 677. 31	9 814. 51
工业固体废弃物产生量/万吨	43. 1	128. 47	163. 78	163. 32	100. 14
人工造林面积/万亩	0. 5	2. 11	4. 32	1. 62	3. 69
工业固体废物综合利用率/%	37. 58	19. 79	15. 98	17. 83	100
当年治理水土流失面积/km^2	80. 73	28. 18	71. 8	142. 27	204. 29
常住人口/万人	53. 29	53. 41	53. 81	54. 31	54. 52

附表 29　都匀市生态经济系统评价指标数据

指标层	2013 年	2014 年	2015 年	2016 年	2017 年
人均地区生产总值/元	28 241	33 822	37 706	41 580	45 904
地区生产总值/亿元	126. 831	153. 921 2	171. 671 2	190. 575 4	212. 995 8
社会消费品零售额/万元	495 707	556 603	621 524	701 081	787 007
财政收入/万元	210 835	250 567	285 735	311 154	412 014
第三产业占地区生产总值的比重/%	53. 71	55. 28	56	56. 9	56. 6
第二产业占地区生产总值的比重/%	39. 14	35. 47	35. 4	35	35. 1
城镇居民人均可支配收入/元	21 465	23 518	25 940	28 327	30 904
农村居民人均纯收入/元	7 341	8 410	9 234	10 056	10 961
个人储蓄存款/万元	1 254 500	1 390 200	1 439 000	1 625 900	1 728 300
森林覆盖率/%	56	57. 58	58. 03	59	60. 09
人均水资源量/m^3	2 325	3 720	4 187	3 233	3 748
工业废水排放量/万吨	268. 83	965. 1	818. 37	310. 73	350. 7
二氧化硫排放量/万吨	5 962. 99	5 792. 15	5 456. 16	2 887. 77	3 777. 28
工业固体废弃物产生量/万吨	10. 85	10. 24	1. 4	5. 15	41. 55
人工造林面积/万亩	1. 21	2. 47	2. 95	3. 55	4. 66
工业固体废物综合利用率/%	91. 34	96. 36	100	100	100
当年治理水土流失面积/km^2	14. 69	7	6	16	16
常住人口/万人	45. 54	45. 48	45. 57	46. 09	46. 71

附表 30　福泉市生态经济系统评价指标数据

指标层	2013 年	2014 年	2015 年	2016 年	2017 年
人均地区生产总值/元	28 216	38 343	42 521	47 018	52 686
地区生产总值/亿元	92. 24	112. 04	124. 43	138. 34	155. 53
社会消费品零售额/万元	164 200	185 600	207 900	236 700	268 600
财政收入/万元	155 200	200 200	220 000	242 800	267 900
第三产业占地区生产总值的比重/%	42. 34	43. 17	45. 83	45. 83	45. 42
第二产业占地区生产总值的比重/%	48. 27	45. 73	44. 18	44. 19	44. 79

附表30(续)

指标层	2013 年	2014 年	2015 年	2016 年	2017 年
城镇居民人均可支配收入/元	20 073	22 091	24 344	26 633	29 296
农村居民人均纯收入/元	6 399	7 495	8 300. 5	9 139	10 071
个人储蓄存款/万元	437 500	483 800	475 500	608 300	671 500
森林覆盖率/%	44. 56	46. 12	48. 56	55. 55	59. 13
人均水资源量/m^3	2 879	4 078	4 585	2 828	3 000
工业废水排放量/万吨	26. 77	158. 97	118. 51	109. 78	152. 5
二氧化硫排放量/万吨	15 767. 24	27 458. 49	55 636. 65	59 437. 12	41 632. 76
工业固体废弃物产生量/万吨	451. 42	493. 97	575. 26	492. 44	578
人工造林面积/万亩	2. 06	2. 01	4. 53	4. 06	3. 26
工业固体废物综合利用率/%	28. 13	40. 66	56. 19	40. 77	60. 35
当年治理水土流失面积/km^2	11	12	9	16	16
常住人口/万人	29. 24	29. 2	29. 32	29. 44	29. 6

附表 31　贵定县生态经济系统评价指标数据

指标层	2013 年	2014 年	2015 年	2016 年	2017 年
人均地区生产总值/元	50. 9	62. 42	69. 79	79. 11	88. 76
地区生产总值/亿元	21 652	26 095	29 104	32 810	33 641
社会消费品零售额/万元	97 147. 1	135 154	151 051	171 141	191 454
财政收入/万元	242 214	294 579	313 754	284 176	286 640
第三产业占地区生产总值的比重/%	38. 1	40. 35	40. 94	42. 79	41. 99
第二产业占地区生产总值的比重/%	48. 2	44. 51	44. 89	40. 08	44. 66
城镇居民人均可支配收入/元	18 784	20 486	22 658	24 855	27 415
农村居民人均纯收入/元	6 190	7 197	7 989	8 851	9 763
个人储蓄存款/万元	315 900	350 100	372 800	432 000	487 700
森林覆盖率/%	51. 8	53. 29	56. 8	57. 4	61. 82
人均水资源量/m^3	2 880	4 540	4 525	3 620	3 616
工业废水排放量/万吨	115. 73	541. 54	541. 01	116. 65	195. 05
二氧化硫排放量/万吨	1 822. 55	1 926. 4	2 031. 63	2 869. 92	3 214. 7

附表31（续）

指标层	2013 年	2014 年	2015 年	2016 年	2017 年
工业固体废弃物产生量/万吨	0	0. 05	0. 05	1. 78	92. 34
人工造林面积/万亩	3. 79	3. 1	1. 9	3. 69	4. 47
工业固体废物综合利用率/%	100	100	100	100	100
当年治理水土流失面积/km^2	25. 45	7	9	23. 64	14
常住人口/万人	23. 92	23. 92	24. 04	24. 19	24. 26

后　记

随着中心城市、都市圈、城市群的快速发展，“强省会”战略正在成为与“区域协调”并驾齐驱的空间逻辑。做大做强省会城市，不仅要从经济社会发展上着力，也要在生态城市建设上下功夫。然而，在省会城市经济社会加快发展的进程中，生态环境脆弱、小气候变化、水资源短缺等问题也不容忽视。所以，进行省会城市生态经济系统耦合协调发展的理论与实证研究，具有重大的实践意义与创新价值。国家发展改革委发布的《2019年新型城镇化建设重点任务》将“推动城市高质量发展”作为重点任务之一。正是基于此背景，本书以“省会城市生态经济系统”为研究对象。笔者长期致力于城市、水源地生态经济系统的研究，已经熟练掌握耦合协调发展度、耦合度、灰色预测、改进的熵值法等研究方法，并能够运用层次分析法、因子分析法及科学计算构建定量评价指标体系。回首两年之久的学术创作，今朝倍感收获颇丰。在此，对在笔者研究与生活中给予关怀、指导与鼓励的领导、老师、亲人与学生致以崇高的谢意！

首先，笔者衷心感谢旅游学院蒋焕洲教授。在本书撰写过程中，蒋教授在材料收集、数据处理、文稿撰写、出版经费等方面都给予笔者较多的支持。蒋教授治学严谨、学术精湛、宽以待生，他高尚的人格魅力和求精的学术风范时刻激励着笔者积极进取。

其次，笔者要感谢罗永常教授与周嘉书记。他们既是笔者的领导，也是笔者的益友，他们热诚的指导与帮助使笔者有了乐观的人生态度，并不断取得进步。本书的顺利完成也离不开学院引进的“候鸟”人才明庆忠教授与贵州省教学名师李小平导师的热情指导与鼓励。他们使笔者对城市生态经济系统的耦合协调发展研究有了更多的思考与创新动力。

再次，笔者要感谢顾永泽、吴显春、杨廷锋等老师与全体2017级地理科学专业本科学生的支持与关心；同时，还要感谢家人对笔者学术研究的大力支持，他们对笔者精神上的鼓励、生活上的关心与援助，为笔者免除后顾之忧。

在本书创作过程中，笔者还参考了大量的文献资料并引用了部分学术前辈的科研成果。在此，衷心感谢他们。

最后，向参加本书评审、编辑与出版付出辛勤汗水，并提出宝贵意见的西南财经大学出版社金欣蕾老师表示崇高的敬意。她辛勤的付出与严谨的学风给笔者留下了深刻的印象。

限于时间和精力，本书在出版时仍留下不少遗憾，这也成为笔者今后努力研究探索的方向。书中难免存在疏漏与不妥之处，欢迎广大读者批评指正！

尚海龙

2019 年 10 月 1 日